Kohlhammer

Malte Brettel, Christian Kauffmann,
Christian Kühn, Christina Sobczak

Private
Equity-Investoren

Eine Einführung

Verlag W. Kohlhammer

ISBN 978-3-17-020154-5

INHALT

* * *

Vorwort

Finanzinvestor, weißer Ritter oder Firmenjäger, gar Heuschrecke – welche Rolle spielen Private Equity Unternehmen wirklich, welche Funktionen nehmen sie im Finanzierungsgefüge deutscher Unternehmen wahr?

Private Equity hat sich innerhalb der letzten zehn Jahre in Deutschland als Ergänzung zu den traditionellen Finanzierungsformen etabliert. Nicht zuletzt die Heuschrecken-Debatte in den beiden vergangenen Jahren hat den Terminus Private Equity im Bewusstsein der breiten Öffentlichkeit verankert.

Dabei werden mit Private Equity-Finanzierungen ganz unterschiedliche Ziele verfolgt. Das klassische Beispiel sind Leveraged Buy-outs, die Übernahme von Unternehmen durch Beteiligungskapital in Verbindung mit hohem Fremdkapitalanteil. Dies kann dazu führen, dass Firmenkonglomerate aufgespalten und teilweise weiterveräußert werden – ist aber keinesfalls eine zwangsläufige Konsequenz. Ganz andere Funktionen haben Private Equity-Firmen in Bezug auf vor allem mittelständische Unternehmen. Hier hilft Beteiligungskapital bei der Lösung von Nachfolgeregelungen sowie der zunehmend erschwerten Kapitalaufnahme durch die unter dem Begriff Basel II zusammengefassten Änderungen der Eigenkapitalvorschriften.

Angesichts der überaus erfolgreichen Entwicklung aber auch des in der Öffentlichkeit persistierenden Imageproblems der Branche ist es an der Zeit, sich genauer mit der Funktionsweise und den Hintergründen von Private Equity-Finanzierungen auseinanderzusetzen. Dieses Buch möchte dazu einen Beitrag leisten und aus wissenschaftlicher Perspektive einen fundierten Einblick in einen Teilbereich von Private Equity – den von sogenannten Buy-out-Finanzierungen – geben. Ziel dieses Buches ist es, in die fundamentalen Grundlagen dieser Finanzierungsform einzuführen und die zwar hochgradig standardisierten, aber spezifisch auf diese Finanzierungsform zugeschnittenen Prozesse einer Buy-out-Finanzierung zu erklären. Ein wichtiger Teilaspekt für das Verständnis von Buy-outs ist dabei die Frage, warum eine Finanzierung zustande kommt, also die Auseinandersetzung mit der Motivation aus Sicht des Investors ebenso wie aus Sicht des kapitalaufnehmenden Unternehmens.

Um den Einstieg zu erleichtern, folgt dieses Buch in seiner Gliederung den einzelnen Prozessschritten einer Buy-out-Finanzierung. Der Leser hat somit die Möglichkeit, eine Finanzierung vom Anfang – dem sogenannten Fundraising – bis zum Ende – dem sogenannten Exit – mitzuverfolgen.

Das Buch richtet sich an gleichermaßen an Studierende wie an Praxisvertreter. Für Studierende im Hauptstudium mit Schwerpunkt Finanzierung ist es als grundlegende Einführung in die Thematik gedacht.

Praktikern vorwiegend betriebswirtschaftlicher aber auch juristischer Fachrichtungen, die aufgrund beruflicher Berührungspunkte mit Buy-out-Finanzierungen ein genaueres Verständnis für die Funktionsweise dieser Branche und die mit dieser Finanzierungsform verbundenen Möglichkeiten aufbauen möchten, soll dieses Buch die nötigen Einblicke vermitteln.

Aufgrund des Prozesscharakters eignet sich das Buch auch für Entscheidungsträger kapitalsuchender Unternehmen, die einen Einblick in die Vorgehensweise potenzieller Investoren erhalten möchten.

1 Einleitung

Am Anfang dieses Buches stehen zwei Fragen: Was ist Private Equity? Und was sind Buyouts? Ohne uns lange mit Begrifflichkeiten aufhalten zu wollen, ist es doch notwendig, zu Beginn für ein grundlegendes Begriffsverständnis zu sorgen.

Von Private Equity abzugrenzen sind andere Begriffe wie z. B. Venture Capital oder Hedge Fonds, die häufig in Verbindung mit Private Equity-Finanzierungen genannt werden.

Neben diesen Grundlagen soll in den folgenden Abschnitten ein Verständnis vom Facettenreichtum von Private Equity vermittelt werden, indem diese Finanzierungsform aus unterschiedlichen Blickwinkeln betrachtet wird: der makroökonomischen Perspektive in Abschnitt 1.2, dem Blickwinkel von Investoren in Abschnitt 1.3 und Portfoliounternehmen in Abschnitt 1.4 sowie einer Betrachtung von Private Equity als Branche in Abschnitt 1.5.

1.1 Grundlagen

Private Equity ist ein Instrument der Unternehmensfinanzierung. Präziser lässt sich Private Equity als eine Form von externer Eigenkapitalfinanzierung einordnen und somit von der Fremdkapitalfinanzierung abgrenzen.

Private Equity lässt sich am besten zusammen mit seinem Antonym Public Equity erklären. Beide Begriffe entstammen dem angelsächsischen Sprachgebrauch und bedeuten übersetzt privates, nicht-börsennotiertes bzw. börsennotiertes Beteiligungskapital. Im Gegensatz zum deutschen, traditionell bankendominierten Finanzsystem ist es im amerikanischen bzw. englischen kapitalmarktdominierten Finanzsystem seit Langem üblich, dass Investoren sich am Eigenkapital von Unternehmen beteiligen, ohne dass diese Beteiligung mit einer Notierung der Eigenkapitalanteile des Unternehmens an einer Wertpapierbörse verbunden ist. Private Equity stellt somit Unternehmen Kapital zur Verfügung, die keinen oder nur einen erschwerten Zugang zu organisierten Wertpapiermärkten haben.

Zur Verdeutlichung ist die Begriffshierarchie der verwendeten Termini in Abbildung 1 schematisch dargestellt. Für die deutsche Sprache ist es bislang nicht gelungen, ein treffendes und allgemein akzeptiertes Begriffspaar zu finden. Deshalb werden vornehmlich die englischen Begriffe verwendet.

| Fundraising | Deal Flow | Beteiligungsprüfung | Strukturierung | Postinvestmentphase | Exit |

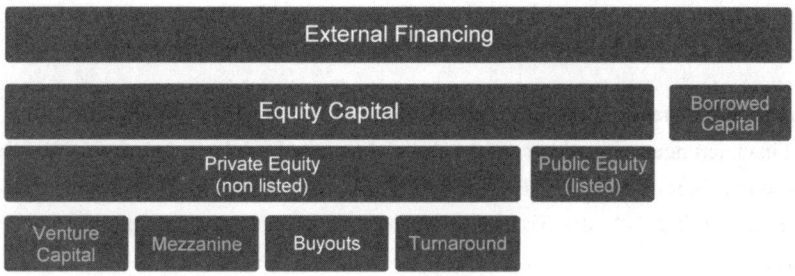

Abbildung 1: **Die hierarchische Struktur der verwendeten Begriffe**
Quelle: in Anlehnung an Kauffmann (2007), S. 56.

Private Equity ist ein äußerst homogenes und vergleichsweise standardisiertes Konzept für Eigenkapitalfinanzierung. Eng verbunden mit der Finanzierungsfunktion ist eine stark ausgeprägte Kontroll- und Unterstützungstätigkeit vonseiten der Private Equity-Gesellschaft nach Abschluss der Beteiligungsverhandlung, während der sogenannten Postinvestmentphase. Private Equity-Investoren zeichnen sich durch einen kurz- bis mittelfristigen Investitionshorizont in Verbindung mit einem überdurchschnittlichen Renditeanspruch aus.

Hedge Fonds unterscheiden sich von Private Equity-Gesellschaften vor allem im Hinblick auf die Investitionsphilosophie. Hedge Fonds sind Investmentfonds, die auf den internationalen Finanzmärkten hochspekulative Investitionen vor allem in Wertpapieren unterschiedlichster Anlagekategorien tätigen und gleichzeitig versuchen, die Verlustrisiken durch moderne Finanzinstrumente zu „hedgen" (engl. to hedge: „absichern").

Unter dem Oberbegriff Private Equity werden alle Finanzierungsformen von nicht-börsennotierten Unternehmen mit Eigenkapital- oder eigenkapitalähnlichem Charakter zusammengefasst. Anhand ihres speziellen Investitionsfokus lassen sich zahlreiche Unterformen dieses Oberbegriffs unterscheiden – siehe Abbildung 1. Venture Capital ist eine dieser Unterformen von Private Equity und auf die Frühphasenfinanzierung von jungen Wachstumsunternehmen spezialisiert. Allerdings ist speziell für den deutschen Beteiligungskapitalmarkt darauf hinzuweisen, dass die Begriffe häufig synonym verwendet werden und nicht in der ursprünglichen angloamerikanischen Bedeutung.

Buy-out-Finanzierungen – der Schwerpunkt dieses Buches – sind eine weitere Unterform von Private Equity und konzentrieren sich vornehmlich auf etablierte Unternehmen als Investitionsobjekte. Der Begriff Buy-out kommt aus dem Englischen und bedeutet in der Ursprungsform „aus-, heraus- oder aufkaufen" bzw. „auszahlen". In der Finanzterminologie ist der Begriff inzwischen als Synonym für den Aufkauf bzw. die Übernahme von Unternehmen fest verankert.

In Deutschland machen Buy-outs den Großteil des Transaktionsvolumens aller Private Equity-Finanzierungen aus, über 65,1 % der Mittelzuflüsse wurden 2005 für Buy-out-Transaktionen eingeworben (vgl. BVK 2006). Buy-outs werden üblicherweise anhand (1) der Finanzierungsstruktur, (2) der Transaktionsform oder (3) der Unternehmenssituation näher klassifiziert:

1. Die Finanzierungsstruktur steht bei Leveraged Buy-outs (LBO) im Mittelpunkt der Transaktion. Als LBO wird der Erwerb eines Unternehmens bezeichnet, der mit einem überdurchschnittlich hohen Fremdkapitalanteil finanziert wurde. Durch den geringen Eigenkapitaleinsatz kann der Investor basierend auf dem Leverage-Effekt eine attraktive Eigenkapitalrentabilität erzielen. Die Schuldentilgung erfolgt aus der Auf-lösung nicht betriebsnotwendigen Vermögens und dem freien Cashflow des er-worbenen Unternehmens (Target). Daher ist es für diese Finanzierungsstruktur be-sonders wichtig, dass das Target ein etabliertes Unternehmen mit stabilen Cashflows ist.

2. Die Transaktionsform bezieht sich auf die Involvierung strategischer Partner in die Transaktion. Management Buy-outs (MBO) sind Übernahmen von Unternehmen, bei denen sich das bisherige Management des Targets durch Eigenkapitalanteile am Unternehmen beteiligt und so einen (meist geringen) Teil des Kaufpreises mit-finanziert. Ein Management Buy-in (MBI) funktioniert analog zu einem MBO mit dem Unterschied, dass ein externes Management das bisherige Management des Targets ablöst, sich aber ebenfalls am Unternehmen beteiligt. Buy-in Management Buy-outs (BIMBO) stellen eine Verknüpfung von MBO und MBI dar. Diese relativ seltene Transaktionsform zeichnet sich dadurch aus, dass Teile des bisherigen Managements und ein unternehmensfremdes Management gemeinsam die zukünftige Geschäftsleitung bilden und sich zusammen mit Finanzinvestoren am Unternehmen beteiligen. Bei einem Institutional Buy-out (IBO) hingegen ist das Management nicht als strategischer Partner in den Unternehmenskauf involviert, der Erwerb des Targets wird von einem oder mehreren Finanzinvestoren durchgeführt.

3. Die Unternehmenssituation ist der Hintergrund von Turnaround- oder Sanierungs-Buy-outs. Hier steht die Sanierung wirtschaftlich angeschlagener Unternehmen im Mittelpunkt. Da diese Sonderform von Private Equity-Finanzierungen mit sehr speziellen, meist Buy-out-untypischen Problemen behaftet ist, sind diese Trans-aktionen nicht Gegenstand dieses Buches.

Eine Kombination der einzelnen Sonderformen ist durchaus möglich. Beispielsweise ist ein Leveraged Management Buy-out (LMBO) eine Unternehmensübernahme mit Beteiligung des bestehenden Managements bei gleichzeitiger Finanzierung des Kaufpreises durch einen hohen Fremdkapitalanteil.

Die wichtigsten Formen von Buy-out-Transaktionen – Management Buy-out (MBO), Management Buy-in (MBI) oder Leveraged Buy-out (LBO) – sind mit ihren jeweils relevanten Abgrenzungskriterien in einer Übersicht in Abbildung 2 dargestellt.

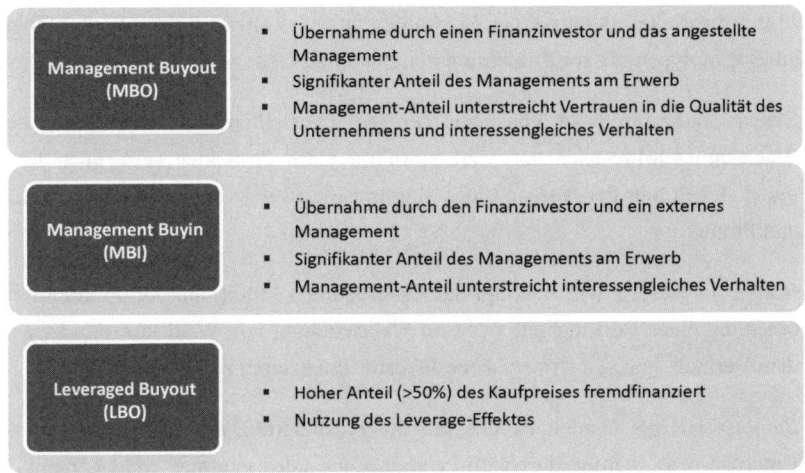

Abbildung 2: **Formen einer Buy-out-Transaktion**

In Ergänzung zu der bereits vorgenommenen Klassifizierung von Private Equity-Gesellschaften lassen sich Finanzinvestoren auch hinsichtlich ihrer Mittelverwendung differenzieren. Wichtigster Unterscheidungspunkt hierbei ist die Spezialisierung auf Finanzierungsphasen.

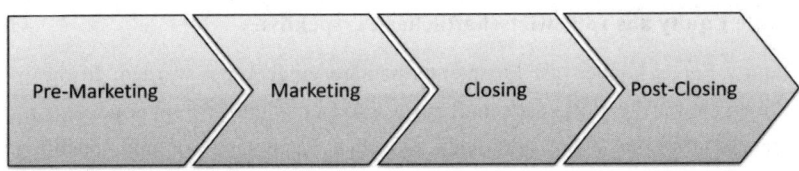

Abbildung 3: **Finanzierungsstufen**
Quelle: EVCA

Die Finanzierungsphasen lassen sich – wie Abbildung 3 zeigt – anhand der Entwicklung des Portfoliounternehmens analog zum Lebenszykluskonzept in einen zeitlichen Ablauf einordnen. Die einzelnen Finanzierungsphasen weisen folgende Merkmale auf:

- *Seed*: In dieser Phase erhält das Portfoliounternehmen Startkapital für die Vorbereitung der Unternehmensgründung. Das Kapital dient der Entwicklung und Evaluierung einer Produkt- und Geschäftsidee.

- *Start-up*: In dieser Phase werden Kapital für die Unternehmensgründung und weitere Mittel für die Gestaltung eines Marketingkonzeptes sowie für die Weiterentwicklung eines Prototypen bis zur Produktionsreife bereitgestellt.

- *Expansion*: Die in dieser Phase zur Verfügung gestellten Mittel werden für die ersten Wachstumsschritte nach der Markteinführung des Produktes verwendet. Im Mittelpunkt stehen hier der Aufbau einer Marktposition sowie die Ausweitung von Absatz- und Produktion.

- *Bridge*: In dieser Phase benötigt das Unternehmen Mittel, um den Zeitraum zur Vorbereitung eines Börsengangs oder zur Überwindung von Wachstumshindernissen vor dem Verkauf an einen strategischen Investor finanzieren zu können.

- *Buy-out*: Hierbei handelt es sich um die Finanzierung der Übernahme eines reifen Unternehmens, häufig durch ein vorhandenes oder externes Management in Verbindung mit einem institutionellen Finanzinvestor. Auf diese Form der Private Equity-Finanzierung konzentriert sich dieses Buch.

Neben der Spezialisierung von Private Equity-Gesellschaften auf verschiedene Finanzierungsphasen oder Transaktionsformen, legen sich einige Finanzinvestoren auf weitere Investitionsschwerpunkte fest, etwa auf bestimmte geografische Regionen, Branchen und Unternehmensgrößen.

1.2 Private Equity aus volkswirtschaftlicher Perspektive

Private Equity-Fonds können als Finanzintermediäre eingeordnet werden. In dieser Eigenschaft nehmen sie für die Volkswirtschaft ausgesprochen wichtige Funktionen wahr. Ähnlich wie Banken schaffen sie einen Ausgleich zwischen Kapitalangebot und -nachfrage durch Losgrößentransformation, indem sie das Kapital meist institutioneller Kapitalgeber einsammeln und Unternehmen als Eigenkapital zur Verfügung stellen.

Der Einsatz von Finanzintermediären ist aus Sicht der Volkswirtschaft mit Effizienzgewinnen verbunden. Durch eine Private Equity-Finanzierung ergeben sich Transaktionskostenvorteile gegenüber reinen Kapitalmarktlösungen, das Kontrollproblem des Kapitalgebers wird vermindert (insbesondere die sogenannte Free-Rider-Problematik), gleichzeitig werden durch die Beteiligung am Eigenkapital des Unternehmens Anreize für das Management geschaffen. Damit wird die nach BERLE und MEANS auf die Trennung von Eigentum und Kontrolle zurückzuführende Problematik der divergierenden Interessenlage von Kapitaleigentümern und Managern vermindert: „The separation of ownership from control produces a condition where the interests of owner and of ultimate manager may, and often do, diverge" (Berle/Means 1932, S. 6).

Grundsätzliche Bedeutung für eine Volkswirtschaft erlangen Private Equity-Gesellschaften durch ihren Einfluss auf das volkswirtschaftliche Produktivkapital. So leisten Private Equity-Gesellschaften vor allem durch die Monitoringfunktion in der Postinvestmentphase einen Beitrag zur Anpassungsfähigkeit eines Portfoliounternehmens, erhöhen damit seine Wettbewerbsfähigkeit und tragen letztlich zur Sicherung der Arbeitsplätze bei. Deutsche Private Equity-Gesellschaften hielten 2006 Beteiligungen an rund 6.000 kleinen und mittleren Portfoliounternehmen bei einem Investitionsvolumen von rund 23 Mrd. Euro (vgl. IfD 2007). Schätzungen zufolge bieten diese Unternehmen über 800.000 Arbeitsplätze, insgesamt tragen Private Equity-Gesellschaften so zu rund sieben Prozent des BIP bei.

Für die Unternehmenslandschaft ist ein funktionierendes Bankensystem in Verbindung mit einem innovativen Kapitalmarkt als gewichtiger Standortvorteil einer Volkswirtschaft aufzufassen.

Für Deutschland kann im Zuge der Globalisierung und Shareholdervalue Diskussion eine Transformation des deutschen Finanzsystems von einem bankendominierten hin zu einem kapitalmarktorientierten System konstatiert werden. Neben einer Bankenkonsolidierung hat vor allem die regulatorische Vorgabe einer risikogerechten Eigenkapitalunterlegung von Krediten die Finanzierungsbedingungen für Fremdkapital nachhaltig verändert. Dies führt zu verschlechterten Fremdkapitalkonditionen und erschwertem Zugang zu Fremdkapitalfinanzierungen vor allem im Mittelstand.

Der Definition des Instituts für Mittelstandsforschung (IfM) zufolge sind 99,7 % der umsatzsteuerpflichtigen Unternehmen bzw. 70 % aller Beschäftigten in Deutschland dem Mittelstand zuzurechnen (vgl. IfM 2007). Insofern kann von einer hohen gesamtwirtschaftlichen Bedeutung des Mittelstands ausgegangen werden. Private Equity-Gesellschaften fällt nun vermehrt die Aufgabe zu, den Mittelstand mit Eigenkapital zu versorgen und die traditionell niedrige Eigenkapitalquote in Deutschland nicht noch weiter sinken zu lassen.

Die in den letzten Jahren zu verzeichnende steigende Private Equity-Finanzierungstätigkeit ist somit auch als Ausdruck der zunehmenden Marktorientierung des deutschen Finanzierungssystems zu interpretieren. Dennoch ist Deutschland weit abgeschlagen, was den Anteil von Private Equity-Investitionen am nationalen BIP angeht. Deutschland lag 2005 bei 0,12 %, der europäische Durchschnitt hingegen bei 0,42 % (vgl. EVCA 2007). Dieser Anteil fällt in den USA oder Großbritannien mindestens zehnfach so hoch aus. Aufgrund dieser Zahlen wird deutlich, dass in Deutschland weiterhin ein Nachholbedarf in Bezug auf Private Equity-Finanzierungen besteht und auch zukünftig von einem hohen Branchenwachstum auszugehen ist.

1.3 Private Equity aus Sicht der Investoren

Private Equity ist eine sehr spezielle Anlagekategorie. Der typische Kreis von Investoren besteht überwiegend aus institutionellen Anlegern, wie Banken, Versicherungen und Rentenfonds. Grundsätzlich ist von einer hohen Professionalität der Investoren auszugehen, die nicht zuletzt auf die von den Fonds geforderten Mindestanlagesummen zurückzuführen ist.

Aus Sicht der Portfoliotheorie ist Private Equity eine sehr interessante Anlageform. Vor allem unter Diversifizierungsaspekten ist eine Investition in Private Equity-Fonds sinnvoll, da sich den Investoren Anlagemöglichkeiten bieten, die am Finanzmarkt nicht repliziert werden können und obendrein eine geringe Korrelation mit anderen Anlageformen aufweisen.

Gleichzeitig ist die Anlageform Private Equity aus Investorensicht durch einen langen Anlagehorizont gekennzeichnet. Die meisten Fonds sind als geschlossene Fonds aufgelegt und dementsprechend ein illiquides Investment. Einem hohen Risiko, das sich hauptsächlich aus potenziellen Totalausfällen einzelner Portfoliounternehmen ergeben kann, stehen hohe Renditeerwartungen der Investoren gegenüber.

1.4 Private Equity aus Sicht der Portfoliounternehmen

Zunehmend wird Private Equity von Unternehmen als Instrument zur Eigenkapitalbeschaffung wahrgenommen. Die bereits erwähnten Faktoren wie eine traditionell niedrige Eigenkapitalquote in Deutschland sowie die Auswirkungen von Basel II auf Fremdkapitalkosten und Kapitalverfügbarkeit führen dazu, dass eine Lücke für Finanzierungsformen zwischen Eigenfinanzierung und Börsenlisting entsteht, die Private Equity zu schließen vermag. Neben Erweiterungsfinanzierung bei fehlendem Kapitalmarktzugang gehören vor allem Nachfolgeregelungen und Eigentümerwechsel zum typischen Einsatzrepertoire, das potenzielle Portfoliounternehmen nachfragen.

Dabei wird häufig vergessen, dass Private Equity zu den sogenannten intelligenten Finanzierungsformen gehört, die neben der reinen Finanzierungsfunktion weitere, die Unternehmensentwicklung unterstützende Leistungen bieten. Von Portfoliounternehmen wird vor allem der Kompetenzgewinn durch den Zugriff auf das Netzwerk der Private Equity-Unternehmen sowie die im Rahmen der Monitoringfunktion wahrgenommene Beratung in der Postinvestmentphase durch die Private Equity-Professionals geschätzt.

Gefürchtet ist aus Sicht des Managements des Portfoliounternehmens hingegen die disziplinierende Wirkung einer Private Equity-Finanzierung. Zum einen sieht sich das Management mit einem hochkompetenten Anteilseigner mit hoher Kontrollaffinität gegenüber, zum anderen bindet speziell bei einem LBO der hohe Fremdkapitalanteil der Finanzierung große Teile des Cashflows. Damit verbunden ist gerade bei mittelständischen Unternehmen eine Angst vor einem potenziellen Fremdeinfluss auszumachen.

Unternehmen, die sich für eine Private Equity-Finanzierung interessieren, sollten sich im Klaren darüber sein, dass Private Equity-Fonds besondere Anforderungen an die jeweiligen Targets stellen. Dazu gehört vor allem eine positive Ertragslage in Verbindung mit stabilen Cashflows, ein kompetentes und bewährtes Management vor allem im Falle eines MBO sowie ein überdurchschnittliches Wertsteigerungspotenzial. Gleichzeitig eignen sich Private Equity-Finanzierungen aufgrund der mit hohen Fixkosten verbundenen Due Diligence (zum Begriff vgl. Abschnitt 4.2) vornehmlich für ein mittleres bis hohes Finanzierungsvolumen. Für kleinere Mittelständler ist diese Finanzierungsform nicht sinnvoll.

1.5   Private Equity in der Branchensicht

Die Branche ist durch ein kompetitives Miteinander gekennzeichnet. Auf der einen Seite gibt es starke Konkurrenz, wenn es darum geht, attraktive Deals im Zuge von Auktionen an Land zu ziehen, aber auch Partnerschaft auf der anderen Seite, insbesondere bei Syndizierung, um bei Transaktionen höhere Finanzierungsvolumina bedienen zu können. Nicht zuletzt aus diesem Grund ist eine hohe Netzwerkorientierung der Branche auszumachen.

In letzter Zeit machen Private Equity-Unternehmen vermehrt durch Börsengänge des eigenen Unternehmens auf sich aufmerksam. Traditionell sind Private Equity-Unternehmen in den USA als ungelistete Limited Liability Partnership (LLP) organisiert, deren Unabhängigkeit von Kapitalmarktbewertung und Rechnungslegungspflichten als Schlüssel zur erfolgreichen Investitionstätigkeit angesehen wurde. Wie sich die Abkehr von diesem Paradigma auf die Finanzierungstätigkeit auswirkt und ob sich dieser bislang vornehmlich auf die USA begrenzte Trend auch auf Deutschland überträgt, bleibt abzuwarten.

1.6   Aufbau des Buches

Buy-out-Finanzierungen folgen einem strukturierten Prozess, anhand dessen sich die einzelnen Aktivitäten von Private Equity-Gesellschaften chronologisch einordnen lassen. Dieser

17

Prozess besteht aus sechs Phasen: von der Kapitalakquisition, dem Deal Flow, der Prüfung von Beteiligungsprojekten bis hin zur Strukturierung des Buy-outs, der Postinvestmentphase und schließlich dem Exit.

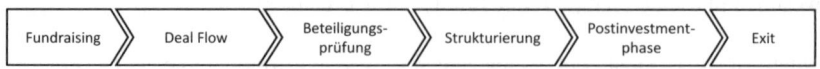

Abbildung 4:   Private Equity als Finanzierungsprozess

Um das Verständnis für die Thematik zu fördern, liegt diesem Buch ein prozessualer Ansatz zugrunde. Der Aufbau dieses Buches greift den typischen Private Equity-Finanzierungs-prozess auf und nutzt diesen als logischen Gliederungsrahmen für die folgenden Kapitel.

Das Buch ist in sieben Teile gegliedert: In der Einleitung in Kapitel 1 wurde auf Grundlagen von Private Equity eingegangen und Private Equity-Finanzierungen aus verschiedenen Perspektiven beleuchtet. Kapitel 2 bis 7 beschäftigen sich jeweils mit einem Prozessschritt der Buy-out-Finanzierung. Vom Fundraising, dem Einwerben von Investorengeldern (in Kapitel 2), über den Deal Flow, die grobe Sondierung von Investitionsmöglichkeiten (in Kapitel 3), bis hin zur Beteiligungsprüfung, der detaillierten Analyse einer Beteiligungsmöglichkeit (in Kapitel 4), und der Strukturierung des Buy-outs, der Festlegung der hochkomplexen Trans-aktionsmodalitäten (in Kapitel 5) lässt sich so für den Leser der komplexe Investitionsprozess eines Buy-out-Fonds nachvollziehen. Die Postinvestmentphase, die Unterstützung und Kontrolle der Entwicklung des Portfoliounternehmens (in Kapitel 6), und der Exit, die Realisierung des getätigten Investments (in Kapitel 7), vervollständigen das Bild.

Das Buch konzentriert sich im Sinne einer einführenden Betrachtung darauf, einen um-fassenden Überblick über den gesamten Buy-out-Prozess zu liefern. Zur vertiefenden Aus-einandersetzung mit interessierenden Teilaspekten befinden sich am Ende eines Kapitels jeweils Literaturhinweise.

Um es dem Leser zu erleichtern, sich im Finanzierungsprozess zurechtzufinden und die dis-kutierten Aspekte in den prozessualen Gesamtkontext einordnen zu können, ist die Gliederung grafisch auf jeder Seite durch die Darstellung des Finanzierungsprozesses in der Kopfzeile veranschaulicht. Über die jeweilige Position innerhalb des Finanzierungsprozesses wird durch invertierte Darstellung (weiße Schrift auf schwarzem Hintergrund) informiert.

Literaturhinweise

BERLE, A. A./MEANS, G. C. (1932): The Modern Corporation and Private Property, New York, NY et al. 1932.

BVK – BUNDESVERBAND DEUTSCHER KAPITALBETEILIGUNGSGESELLSCHAFTEN (2006): BVK Statistik 2005, Berlin 2006.

KAUFFMANN, C. C. (2007): Führung von Minderheitsbeteiligungen in Deutschland – Implikationen für effizientes Beteiligungsmanagement – Eine empirische Analyse, Unveröffentlichte Diss., RWTH Aachen, Aachen 2007.

IFD – INITIATIVE FINANZSTANDORT DEUTSCHLAND (2007): Private Equity – Ein Leitfaden für die erfolgreiche Nutzung von Beteiligungskapital im Mittelstand, Frankfurt am Main 2007.

IfM – INSTITUT FÜR MITTELSTANDSFORSCHUNG (2005): Mittelstand – Definition und Schlüsselzahlen, Bonn 2005.

EVCA – EUROPEAN VENTURE CAPITAL ASSOCIATION (2007): Yearbook 2006: A Survey of Venture Capital and Private Equity in Europe, Zaventem (Belgien) 2007.

2 Das Fundraising von Private Equity-Gesellschaften

Private Equity-Gesellschaften agieren als Mittler zwischen Geldgebern und Geldnehmern. In dieser Stellung erfüllen Private Equity-Gesellschaften fünf Funktionen (vgl. Kraft 2001, S. 39):

- Investitionsfunktion für die Kapitalgeber

- Evaluations- und Bewertungsfunktion von Private Equity-Beteiligungen

- Finanzierungsfunktion für die Unternehmen

- Kontroll- und Betreuungsfunktion während des Engagements

- Liquidationsfunktion zur Gewinnrealisierung.

Das Eingehen einer Beteiligung und damit die Erfüllung dieser Funktionen setzt voraus, dass Private Equity-Gesellschaften über genügend Kapital verfügen. Deshalb ist das Fundraising zunächst die erste Priorität eines Finanzinvestors.

Unter Fundraising wird das Einwerben von Investitionskapital verstanden, wobei institutionelle, industrielle oder private Anleger dafür gewonnen werden, Fondsanteile zu zeichnen. Das Fundraising ist abhängig von der Mittelherkunftsstruktur, die der Private Equity-Gesellschaft zugrunde liegt.

2.1 Klassifizierung von Private Equity-Gesellschaften anhand ihrer Kapitalgeber

Private Equity-Gesellschaften lassen sich im Hinblick auf ihre Mittelherkunft in vier Gruppen unterteilen:

- *Independent*: Hierunter fallen unabhängige Finanzinvestoren, die organisatorisch in keinen Konzern eingebunden sind und ebenso keine staatlichen Interessen verfolgen.

- *Captive*: Darunter werden Finanzinvestoren subsumiert, deren Beteiligungskapital von einem übergeordneten Konzern bereitgestellt wird. Solche Gesellschaften können als Tochtergesellschaft oder als Abteilung innerhalb eines Konzerns strukturiert sein.

- *Semi-captive*: Dazu zählen Finanzinvestoren, die ihr Kapital sowohl von einem übergeordneten Konzern als auch von anderen, zumeist festgelegten Institutionen erhalten. Sie entstehen oft aus Captives, bei der die Muttergesellschaft zu einem späteren Zeitpunkt unter dem Gesichtspunkt des Cross Selling weitere Finanzinvestoren zur Co-Investition hinzuzieht.

- *Public*: Diese Finanzinvestoren erhalten ihr Kapital vom Staat und müssen bei ihrer Investmentstrategie überwiegend staatlich vorgegebene Ziele verfolgen.

Während die Mittelherkunft bei Captive- und Public-Gesellschaften bereits determiniert ist, muss vor allem erstgenannte Gruppe das zu investierende Kapital auf dem freien Markt akquirieren. Dieser wettbewerbsintensive Prozess der Kapitalakquisition soll im Folgenden ausführlicher betrachtet werden.

2.2 Der Fundraising-Prozess

Das Fundraising bildet für unabhängige Private Equity-Gesellschaften die Existenzgrundlage. Deshalb sollte der gesamte Prozess sorgfältig – entweder durch die Private Equity-Gesellschaft selbst oder unter Zuhilfenahme von Placement Agents – durchgeführt werden.

Der Fundraising-Prozess kann – wie Abbildung 5 zeigt – in vier Phasen untergliedert werden.

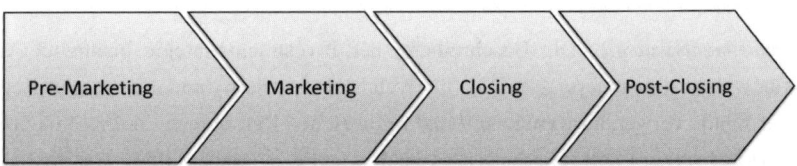

Abbildung 5:   Die vier Etappen des Fundraising-Prozesses

Zentraler Bestandteil der Pre-Marketing-Phase ist die Aufstellung des sogenannten Private Placement Memorandum, welches die dem Fonds zugrunde liegenden Informationen beinhaltet. Das Memorandum folgt normalerweise einem branchenspezifischen Schema:

1. Executive Summary

2. Investmentphilosophie und -strategie der Private Equity-Gesellschaft

3. Aussagen über Investment-Professionals und Beirat (Advisory Committee)

4. Zusammenfassung der Terms & Conditions des Fonds, also Regelungen zur Vergütung in Form von festgelegter Managementgebühr (Management Fee) und variabler Erfolgsbeteiligung (Carried Interest) oder zur Übertragung der Fondsanteile

5. der bisherige Erfolg von Fonds (Track Record) und Performance früherer Fonds

6. Rechtliche und steuerliche Hinweise

7. Aussagen zu den mit der Anlagekategorie Private Equity verbundenen allgemeinen und mit dem Fonds verbundenen speziellen Risiken

8. Accounting und Reporting Standards

Für den Kapitalgeber sind vor allem Angaben zur Qualität der Private Equity-Gesellschaft ausschlaggebend, da zum Zeitpunkt der Kapitalbereitstellung noch nicht feststeht, in welche Portfoliounternehmen die Private Equity-Gesellschaft investieren wird. Daher basieren Kapitalgeber ihre Investitionsentscheidung neben der vom Fonds beabsichtigten Investmentstrategie maßgeblich auf die Qualität der Private Equity-Gesellschaft. Die Qualität lässt sich anhand von Track Record und der Qualifikation des eingesetzten Investmentteams abschätzen. Folgende wesentliche Punkte sind bei der Benennung von Investmentstrategie, Track Record sowie Qualifikation des Investmentteams enthalten:

- *Investmentstrategie*: Die Beschreibung der Investmentstrategie beinhaltet Angaben, für welche Finanzierungsstufen, für welche Industrie(n) und für welche Region(en) der Fonds verwendet werden soll und mit welchen Ressourcen die Investmentstrategie verfolgt werden soll. Hierbei ist es auch wichtig, aussagekräftige Begründungen für diese Entscheidungen mitzuliefern. Die Strategie sollte in etwa den bisherigen Erfahrungen des Private Equity-Unternehmens entsprechen, da sich somit die Glaubwürdigkeit in Bezug auf den potenziellen Erfolg des Fonds erhöht.

- *Track Record*: Zahlreiche Studien belegen inzwischen, dass der Track Record als ein Indikator für den zukünftigen Erfolg der Fonds gesehen werden kann. Daher sollte der Track Record im Vorfeld der Kontaktaufnahme mit potenziellen Geldgebern sorgfältig vorbereitet bzw. überprüft werden. Bedeutender Bestandteil des Track Record sind Angaben zu den in der Vergangenheit erreichten Internal Rates of Return (IRR) der bisher realisierten Investments. Der IRR bezeichnet die Verzinsung, bei der die auf den Zeitpunkt der Akquisition abdiskontierten Einzahlungsüberschüsse einen Netto-Barwert von null ergeben. Als Untergrenze gilt ein IRR von 20 %.

- *Investmentteam*: Geldgeber sind ebenfalls daran interessiert, im Vorfeld das Investmentteam beurteilen zu können. Daher ist die Erfahrung jedes einzelnen Mitglieds hervorzuheben. Geldgeber schenken hauptsächlich der Transaktionserfahrung der Investmentmanager Beachtung. Weitere Qualifikationen im Hinblick auf bestimmte

Industrien oder Technologien sind hilfreich. Wichtig ist, dass das Kernteam bereits eine langjährige Transaktionserfahrung vorweisen kann und die Mitarbeiterfluktuation gering ist. Ein weiteres positives Signal ist die Bindung der Mitarbeiter an den Fonds mittels monetärer Anreize, um einen Ausgleich der Interessenlage herzustellen.

Während eine Private Equity-Gesellschaft sowohl die Investmentstrategie als auch den Track Record und die Qualifikation des Investmentteams explizit zusammentragen kann, ist die Reputation nur schwer messbar und kann nur über eine eigene Meinungsbildung oder die Meinung anderer Marktteilnehmer bekräftigt werden. Trotzdem spielt sie bei Geldgebern eine wesentliche Rolle in deren Entscheidung für oder gegen eine Einlage in einen Fonds. Die Reputation steigt im Allgemeinen mit dem Investment und Deinvestment erfolgreicher Deals sowie der daraus folgenden Berichterstattung. Sie basiert im Wesentlichen auf den Angaben diverserer IRR-Rankings, die auch im Track Record wiederzufinden sind. Gleichwohl ist auch die menschliche Komponente der Private Equity-Professionals nicht zu vernachlässigen.

In der Marketing-Phase werden potenzielle Kapitalgeber zunächst gezielt ausgewählt und über die Initiierung von Road Shows und Investor Meetings anschließend aktiv angesprochen. Da die Kapitaleinlage in einen Private Equity-Fonds eine langfristige und illiquide Finanzierungsform darstellt, konzentrieren sich Private Equity-Gesellschaften auf Kapitalgeber, die wirtschaftlich in der Lage sind, Kapital über einen langen Zeithorizont bereitstellen zu können. Ebenso sollten Kapitalgeber aufgrund ihrer fachlichen Qualifikation die mit diesem Engagement verbundenen Chancen und Risiken einschätzen können. Daher wird in der Marketing-Phase auch eine Due Diligence der Kapitalgeber durchgeführt.

Die Closing-Phase beinhaltet im Wesentlichen Vertragsverhandlungen mit den Kapitalgebern. Sind diesbezüglich alle Verhandlungen vollzogen und sämtliche Fondsanteile gezeichnet, wird der Fonds geschlossen. Durchschnittlich nimmt der Fundraising-Prozess von Phase eins bis zur Schließung des Fonds ca. 14 Monate in Anspruch (vgl. Hagenmüller 2004). Bei erstmaligem Fundraising kann sich der Prozess jedoch erheblich verlängern.

Die Post-Closing-Phase umfasst den ständigen Kontakt zu den Investoren. In dieser Phase werden die Kapitalgeber laufend über die aktuelle Entwicklung der Beteiligungen informiert. Dazu wird etwa über Cashflows, Bilanz- und GuV-Kennzahlen berichtet. Besonders im Hinblick auf zukünftige Fonds sollte auf diese Phase sehr viel Wert gelegt werden, damit die bestehenden Investoren bei einem erneuten Fundraising wieder zur Zeichnung gewonnen werden können.

2.3 Einteilung der Kapitalgeber

In den letzten Jahren hat sich das Spektrum unterschiedlicher Kapitalgeber stark vergrößert. Investierten in der Vergangenheit vor allem institutionelle Investoren direkt in einen Private Equity-Fonds, treten nun vermehrt auch Dachfonds in Erscheinung. Letztere stellen eine indirekte Investmentmöglichkeit für wiederum unterschiedliche Kapitalgeber dar, wie Abbildung 6 verdeutlicht.

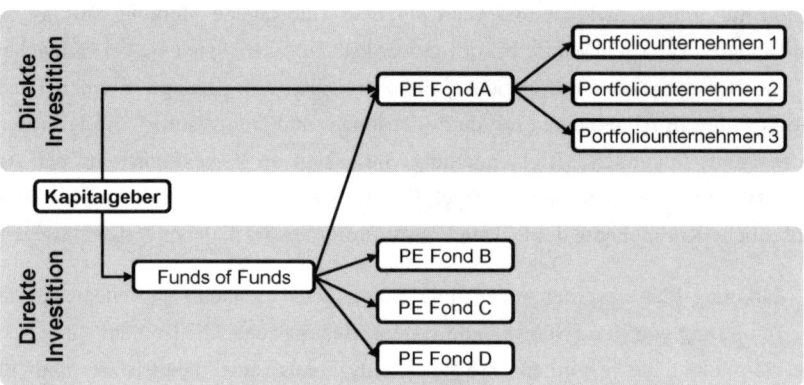

Abbildung 6:   Direkte und indirekte Investitionen in einen Private Equity-Fonds
                Quelle: in Anlehnung an Bance (2004), S. 10.

Die Kapitalgeber eines Private Equity-Fonds lassen sich wie folgt einteilen:

- *Institutionelle Investoren*: Einen Großteil der Kapitalgeber von Private Equity-Gesellschaften bilden institutionelle Investoren. Darunter fallen vor allem Pensionsfonds, Versicherungen und Banken.

- *Dachfonds*: Diese Fonds fungieren als Intermediäre zwischen Kapitalgebern und Private Equity-Gesellschaften. Sie sammeln wiederum Geld von unterschiedlichen Investoren und bilden ein Portfolio aus Anteilen an mehreren Private Equity-Fonds. Einige Dachfonds gehen zur Steigerung ihrer Rendite vereinzelt auch Direktinvestments ein. Die Vorteile eines Dachfonds (oder auch Fund of Funds) liegen in der Möglichkeit, geografisch sowie über verschiedene Branchen und Finanzierungsstufen hinweg diversifizieren zu können. Damit wird das Risiko einer Unternehmensbeteiligung stark gestreut. Darüber hinaus eröffnen börsennotierte Dachfonds Privatanlegern erst die Möglichkeit, in die Anlagekategorie Private Equity zu investieren. Nachteilig wirkt sich aus, dass sich Beteiligungserträge durch zusätzliche Verwaltungsgebühren auf Ebene des Dachfonds reduzieren.

- *Sonstige Kapitalgeber*: Neben institutionellen Investoren und Funds of Funds sind Konzerne, staatliche und akademische Einrichtungen, Stiftungen sowie vermögende Privatpersonen eine weitere Mittelherkunftsquelle.

Abbildung 7 gibt einen Überblick über die unterschiedlichen Kapitalgeber deutscher Private Equity-Gesellschaften anhand der Mitelzuflüsse im Jahre 2006.

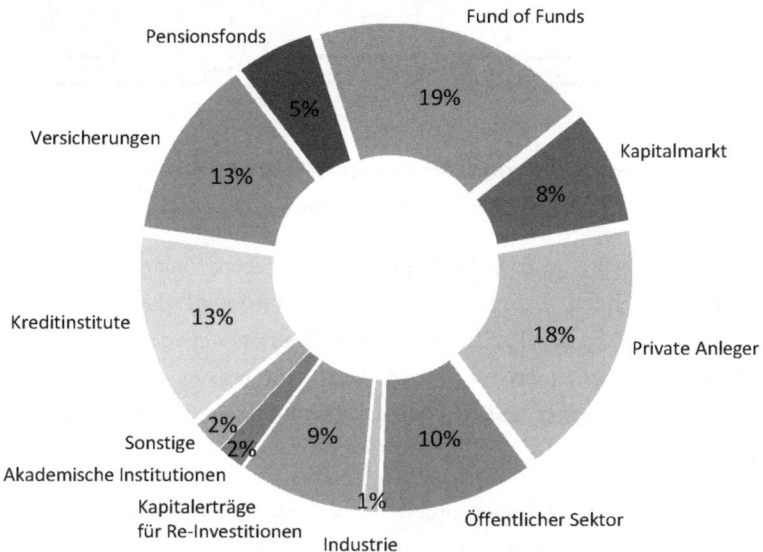

Abbildung 7: **Kapitalgeber von deutschen Private Equity-Gesellschaften 2006**
Quelle: BVK

Die Abbildung lässt erkennen, dass in Deutschland überwiegend institutionelle Anleger, wie Banken, Versicherungen und Pensionsfonds, für die Mittelherkunft von Private Equity-Fonds verantwortlich sind. Eine bedeutende Kapitalquelle sind mittlerweile Dachfonds geworden. Aber auch private Anleger haben vergleichsweise stark in Private Equity investiert.

2.4 Struktur eines Private Equity-Fonds

Die Auflage eines Fonds erfolgt gewöhnlich über eine Fondsgesellschaft. Diese ist mit der Managementgesellschaft, die nach außen als das eigentliche Private Equity-Unternehmen in Erscheinung tritt, durch einen Geschäftsbesorgungsvertrag verbunden. Obwohl Management- und Fondsgesellschaft zwei rechtlich voneinander getrennte Einheiten sind, hat erstere vollkommene Kontrolle über letztere. Abbildung 8 verdeutlicht die Beziehungen zwischen den einzelnen Parteien.

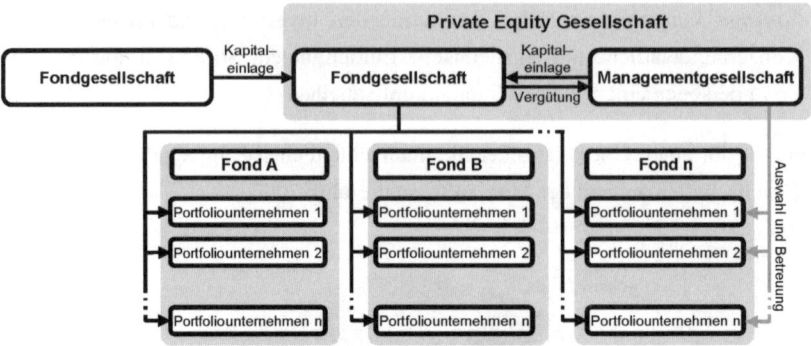

Abbildung 8: Gestaltung der fondsorientierten Beteiligungskonstruktion
Quelle: in Anlehnung an Zemke (1995), S. 114.

Die übliche Struktur sieht vor, dass die Kapitalgeber mit ihrer Einlage zusammen ca. 99 % des Fondsvolumens bilden. Die Differenz von ca. 1 % wird durch eine Einlage der Managementgesellschaft in den Fonds komplettiert. Die Beteiligung der Managementgesellschaft am Fonds stellt sicher, dass die Private Equity-Professionals die gleichen Interessen verfolgen wie die Kapitalgeber und dass diese keine unkalkulierbaren Risiken zulasten der Investoren eingehen.

Der Fonds wird durch die Managementgesellschaft geleitet. Sie verwaltet den Fonds und nimmt alle Aufgaben im Zusammenhang mit der Auswahl, der Betreuung und der Desinvestition von Portfoliounternehmen wahr. Für diese Leistungen erhält die Managementgesellschaft eine Vergütung in Form einer festgelegten Managementgebühr (Management Fee) sowie einer variablen Erfolgsbeteiligung (Carried Interest) am Gewinn des Fonds. Die jährliche Management Fee bewegt sich gewöhnlich im Rahmen von zwei bis drei Prozent des von den Geldgebern eingelegten Kapitals. Der Carried Interest beträgt normalerweise 20 % der erwirtschafteten Gewinne, greift jedoch nur, wenn gewisse – mit den Investoren vorab vereinbarte – Mindestrenditen (Hurdle Rates) erreicht sind.

Die Geldgeber sind an der Fondsgesellschaft im Verhältnis ihrer Kapitaleinlagen beteiligt. Die Höhe der Kapitaleinlage bildet zudem die Höhe ihrer Haftung. Damit obliegt den Geldgebern eine Haftungsbeschränkung. Aus diesen haftungs- aber auch aus steuerrechtlichen Gründen wird in Deutschland für die Fondsgesellschaft vielfach die Rechtsform der GmbH & Co. KG gewählt. Dabei fungieren die Managementgesellschaft als Komplementär und die Investoren als Kommanditisten.

Die Fondskonstruktion ist in der Regel sehr komplex und erlaubt eine Vielzahl von Gestaltungsmöglichkeiten. Die bedeutendsten Gestaltungsalternativen bilden dabei die Auflegung des Fonds in geschlossener oder offener Form.

- *Geschlossener Fonds*: Bei einem geschlossenen Fonds wird das Fondsvolumen <u>vor</u> dem Fundraising festgelegt. Die Geldgeber können dann innerhalb einer bestimmten Frist zeichnen. Nach Ablauf der Zeichnungsfrist werden keine weiteren Geldgeber für den Fonds zugelassen. Die Begrenzung des Fondsvolumens bedeutet für Private Equity-Gesellschaften, dass das insgesamt benötigte Kapital vor Auflegung des Fonds zu prognostizieren ist – meist ohne die Investitionsmöglichkeiten abschätzen zu können. Daraus ergeben sich ein Zwang zu einer restriktiveren Mittelverwendung und eine Einschränkung in Bezug auf Nachfinanzierungen.

- *Offener Fonds*: Bei einem offenen Fonds wird das Fondsvolumen vor Beginn des Fundraisings nicht festgelegt. Somit ist das insgesamt für Beteiligungen verfügbare Kapital nicht der Höhe nach begrenzt.

Parallel zur Entscheidung für einen offenen oder geschlossenen Fonds muss auch die Fondslaufzeit bestimmt werden. Prinzipiell gibt es auch hierbei zwei Alternativen: ein zeitlich unbefristeter oder ein zeitlich befristeter Fonds. Der zeitlich befristete Fonds hat – entgegen der unbefristeten Variante – eine vor dem Fundraising determinierte Lebensdauer. Ist diese abgelaufen, wird der Fonds aufgelöst. Am Markt haben sich Laufzeiten von sieben bis zehn Jahren eingebürgert.

In der Praxis treten überwiegend folgende Kombinationen auf: Der Fonds ist geschlossen und zeitlich befristet oder der Fonds ist offen und zeitlich nicht befristet. Erstere Variante wird bevorzugt von Independents aufgelegt. Letztere Kombination ist eher charakteristisch für Captives (vgl. Zemke 1995, S. 121f.).

Die Investition in einen geschlossenen Fonds bedingt eine zeitliche Bindung der Kapitaleinlage für die Dauer der Fondslaufzeit. Ein Ausscheiden der Investoren vor Ablauf der Fondslaufzeit ist von Private Equity-Gesellschaften prinzipiell nicht erwünscht. Um dies zu gewährleisten, wird die Übertragbarkeit der Fondsanteile durch entsprechende Auflagen stark eingeschränkt. Die Gestaltung eines offenen Fonds erlaubt hingegen einen Wechsel der Fondsinvestoren. In der Praxis wird ein solcher Wechsel jedoch selten vollzogen.

Eine zeitliche Begrenzung bietet für den Kapitalgeber den Vorteil einer besseren Kontrolle der Investmentstrategie sowie der Fondsperformance. Durch die Befristung müssen Private Equity-Gesellschaften innerhalb eines festgelegten Zeitraums ihre Anlageziele umsetzen. Darüber hinaus sind sie gezwungen, die Jahresrückflüsse und nicht den Gesamtwert des

Portfolios zu maximieren. Bei einem befristeten Fonds kann zum Ende der Fondslaufzeit ein Schlussstrich unter sämtlich Verluste und Gewinne gezogen werden. Somit lässt sich der Erfolg des befristeten Fonds abschließend ermitteln. Gleichwohl kann die Performance auch bei offenen Fonds berechnet werden. Hierbei kann jedoch nur eine Interimsberechnung erfolgen, da nicht-realisierte Investments nur unzureichend beurteilt werden können. Das Problem hierbei sind Bewertungstoleranzen, die das Ergebnis erheblich verfälschen können (vgl. Zemke 1995, S. 120f.).

2.5 Vor- und Nachteile für Kapitalgeber von Private Equity-Gesellschaften

Der größte Vorteil, den eine Investition in einen Private Equity-Fonds bietet, sind hohe absolute Renditen bei einer gleichzeitigen Diversifikation des Portfolios. Innerhalb eines gut strukturierten und ausgewogenen Portfolios trägt die Anlagekategorie Private Equity dazu bei, die Volatilität zu reduzieren und das gesamte Risikoprofil zu verbessern.

Neben diesen Vorzügen sprechen noch eine Reihe anderer Vorteile für eine Investition in Private Equity-Fonds (vgl. Bance 2004, S. 5ff.):

- *Langfristige Outperformance*: Die Betrachtung vergangener Private Equity-Fonds hat gezeigt, dass sie über einen festgelegten Zeitraum eine deutlich höhere Renditeperformance vorweisen konnten als Aktien oder festverzinsliche Wertpapiere.

- *Gezielte Auswahl von Portfoliounternehmen*: Investmentmanager erhalten eine Vielzahl von Businessplänen. Die hohe Zahl der Investitionsmöglichkeiten erlaubt renditestarken Fonds eine sorgfältige Selektion.

- *Zugang zu kleineren Unternehmen*: Durch eine Einlage in einen Private Equity-Fonds können Geldgeber auch am Erfolg nicht börsennotierter Unternehmen teilhaben.

- *Zugang zu Insiderinformationen*: Private Equity-Manager erhalten während der Due Diligence einen viel stärkeren Einblick in das Zielunternehmen als Anleger börsennotierter Gesellschaften, sodass eventuelle Risiken sowie bestehende Potenziale deutlich besser abgeschätzt werden können.

- *Einflussnahme auf das Management*: Private Equity-Professionals engagieren sich häufig aktiv in die Aktivitäten ihrer Portfoliounternehmen. Damit können sie das Portfoliounternehmen besser steuern und auf Veränderungen besser reagieren.

- *Leverage-Effekt*: Solange die Rendite des Projektes oberhalb des Fremdkapitalzinses liegt, erhöht sich die Eigenkapitalrendite mit zusätzlichem Fremdkapital. Dieser Effekt wird als Leverage-Effekt bezeichnet und ermöglicht es, die Eigenkapitalrendite durch

Aufnahme von Fremdkapital zu „hebeln". Deshalb sind viele Buy-outs mit sehr hohen Fremdkapitalanteilen finanziert werden.

Den zahlreichen Vorteilen einer Investition in das Segment Private Equity stehen allerdings auch Nachteile gegenüber, die Kapitalgeber berücksichtigen müssen (vgl. Bance 2004, S. 7):

- *Langfristige Natur des Investments*: Üblicherweise werden Fonds auf die Dauer von drei bis acht Jahren angelegt. In dieser Zeit hat der Investor keine Möglichkeit, seine Fondseinlage zurückzuziehen. Ebenso erhält der Investor in dieser Zeit keine Auszahlungen. Erst am Ende der Fondslaufzeit fließen dem Investor Geldströme zurück.

- *Erhöhte Ressourceninanspruchnahme*: Gewöhnlich werden Transaktionsdetails nicht an Außenstehende weitergegeben. Durch die vertrauliche Behandlung von Erfolgsgrößen einer Finanzierung zwischen Private Equity-Gesellschaft und Portfoliounternehmen können Investoren die Qualität einer Private Equity-Gesellschaft nur schwer einschätzen. Um diese zu evaluieren, müssen Investoren ungleich mehr Ressourcen verwenden als bei einem börsennotierten Investment.

- *Blind Pool*: Zum Zeitpunkt der Geldeinlage in einen Private Equity-Fonds ist dem Kapitalanleger lediglich die generelle Investmentstrategie bekannt. Dies birgt für den Geldgeber erhebliche Risiken hinsichtlich der Mittelverwendung, denn der Kapitalanleger weiß nicht, in welche Portfoliounternehmen die Private Equity-Gesellschaft investieren werden.

Literaturhinweise

BANCE, A. (2004): Why and How to Invest in Private Equity – A EVCA Investor Relation Committee Paper, Zaventem (Belgien) 2004.

BVK – BUNDESVERBAND DEUTSCHER KAPITALBETEILIGUNGSGESELLSCHAFTEN (2007): BVK Statistik 2006, Berlin 2007.

HAGENMÜLLER, M. (2004): Investor Relations von Private-Equity-Partnerships, Bamberg 2004.

KRAFT, V. (2001): Private Equity-Investitionen in Turnarounds und Restrukturierungen, Frankfurt am Main 2001.

ZEMKE, I. (1995): Die Unternehmensverfassung von Beteiligungskapital-Gesellschaften: Analysen des institutionellen Designs deutscher Venture Capital-Gesellschaften, Wiesbaden 1995.

3 Deal Flow

Der Deal Flow bezeichnet das Spektrum an Investmentmöglichkeiten, aus dem eine Private Equity-Gesellschaft potenzielle Portfoliounternehmen für einen Private Equity-Fonds auswählen kann.

Der Deal Flow kann grundsätzlich auf zwei unterschiedliche Methoden generiert werden: Entweder sondiert die Private Equity-Gesellschaft *aktiv* den Kapitalmarkt für Beteiligungen. Oder Investmentmöglichkeiten werden an die Private Equity-Gesellschaft herangetragen, diese bleibt *passiv*.

3.1 Aktive Deal Flow Generierung

Sind Private Equity-Gesellschaften aktiv damit beschäftigt, Zielunternehmen zu identifizieren, kann dies durch eine systematische Analyse des Marktes erfolgen oder aber auf eine Kontaktvermittlung durch Dritte zurückgehen.

Ausgangspunkt ist in jedem Fall der durch die Beteiligungsstrategie vorgegebene Investitionsfokus einer Private Equity-Gesellschaft.

3.1.1 Aktive Marktanalyse durch Private Equity-Gesellschaften

Aufgrund des steigenden Wettbewerbs der Private Equity-Gesellschaften um interessante Investitionsmöglichkeiten gewinnt eine aktive Marktanalyse immer mehr an Bedeutung. Independents sind in einem vergleichsweise hohen Maß aktiv bei der Generierung von Deal Flow (vgl. Zemke 1995, S. 213). Trotz der damit verbundenen Nachteile in Form von Kosten und Zeitaufwand stehen der aktiven Marktanalyse auch erhebliche Vorteile gegenüber, die nach der Darstellung eines idealtypischen Prozesses der aktiven Marktanalyse geschildert werden.

3.1.1.1 Prozess der aktiven Marktanalyse

Wenngleich der Prozess der aktiven Marktanalyse im Detail von Finanzinvestor zu Finanzinvestor unterschiedlich ausfällt, lassen sich vier wesentliche Schritte bei der Suche nach geeigneten Buy-out-Unternehmen herausstellen:

- *Grobrecherche mittels Datenbanken*: Private Equity-Unternehmen haben umfangreichen Zugriff auf Datenbanken, in denen wichtige Kennzahlen kleinerer und mittlerer Unternehmen aus Deutschland und Europa erfasst sind. Private Equity-Professionals durchsuchen in regelmäßigen Abständen diese Datenbanken, um eventuell Unternehmen zu ermitteln, die mit den Investmentkriterien Finanzierungsstufe, geografische Lage, Branche und Größe des Unternehmens kompatibel sind.

Nach diesem ersten Screening erstellt der Private Equity-Professional eine erste Liste mit potenziellen Zielunternehmen.

- *Intensivrecherche mittels weiterführender Instrumente*: Mithilfe von Presseveröffent-lichungen, des Internets sowie des persönlichen Netzwerks holt der Private Equity-Professional nähere Informationen zu den in der Grobrecherche ermittelten Unter-nehmen ein. Erscheint ein Unternehmen nach gründlicher Analyse weiterhin interessant, wird der Private Equity-Professional wichtige Unternehmensdaten zu-sammentragen und für das Team Meeting aufbereiten.

- *Diskussion im Team*: Gewöhnlich halten Private Equity-Unternehmen regelmäßig Team Meetings ab. In diesen werden dann unter anderem die identifizierten Unter-nehmen anhand der aufbereiteten Daten diskutiert, teilweise werden auch Industrie-experten oder Vertreter der identifizierten Unternehmen hinzugezogen. Verläuft die Diskussion zugunsten einer weiteren Beschäftigung mit dem Unternehmen, wird die Recherche intensiviert oder zum abschließenden Schritt der Marktanalyse über-gegangen.

- *Aktive Ansprache*: Im vierten Schritt wird das potenzielle Zielunternehmen aktiv an-gesprochen – entweder schriftlich oder telefonisch. Dabei wird der Finanzierungs-bedarf des Unternehmens adressiert und die eigenen Kompetenzen und Kenntnisse hervorgehoben, um sich als möglicher Finanzierungspartner zu positionieren.

Während der erste Schritt lediglich die Prüfung der Grundvoraussetzung beinhaltet und demzufolge nur wenige Minuten in Anspruch nimmt, bedürfen die Schritte zwei und drei eines größeren Zeitrahmens. Hier treten ständig Feedbackschleifen auf, da in der Diskussion immer wieder Aspekte aufkommen können, die noch nicht berücksichtigt wurden und erst nach einer erneuten intensiven Recherche geklärt werden können.

3.1.1.2 Vor- und Nachteile der aktiven Marktanalyse

Es können drei wesentliche Vorteile für die aktive Marktanalyse festgehalten werden (vgl. Kraft 2001, S. 115f.):

- *Erweiterung der Investitionsmöglichkeiten*: Die aktive Marktanalyse ermöglicht den Private Equity-Gesellschaften, Unternehmen zu identifizieren, die von sich aus nicht an die Finanzierungsform Private Equity gedacht hätten und demzufolge nicht auf den Finanzinvestor zugegangen wären.

- *Beschleunigung des Investitionsprozesses*: Die direkte Ansprache des Unternehmens führt häufig dazu, dass exklusiven Verhandlungen geführt werden. Dadurch müssen keine lang angelegten Zeitrahmen wie beispielsweise bei einer Auktion (vgl. Abschnitt 3.2.2.3) befolgt werden.

- *Erhöhung der Erfolgswahrscheinlichkeit*: Durch die gezielte Recherche können Private Equity-Gesellschaften genau die Unternehmen identifizieren, die eindeutig zur eigenen Investmentstrategie passen.

Demgegenüber stehen auch einige Nachteile:

- *Erhöhte Kosten und erheblicher Zeitaufwand*: Mit der eigenen Recherche sind erhebliche Ressourcen gebunden.

- *Mangelnde Verkaufsbereitschaft*: Eine Vielzahl der identifizierten Unternehmen ist nicht bereit, einen Buy-out durchzuführen.

Die aktive Analyse des Marktes spielte bisher eine nur untergeordnete Rolle bei der Generierung von Deal Flow. Eine viel größere Anzahl von Deals wird durch die Kapitalsuche von Unternehmen (vgl. Abschnitt 3.2.2) sowie durch Hinweise von Dritten generiert (vgl. beispielsweise Zemke 1995, S. 213).

3.1.2 Vermittlung durch Dritte

Zahlreiche Studien belegen, dass ca. 60 % bis 80 % aller Private Equity-Transaktionen auf Vermittlung durch Dritte zurückzuführen ist. Dabei ist allerdings zu berücksichtigen, dass der Informationsgehalt der Quellen unterschiedlich sein kann.

3.1.2.1 Transaktionsquellen

Die wichtigsten Transaktionsquellen sind persönliche Kontakte privater oder beruflicher Natur, andere Private Equity-Gesellschaften, Banken, Wirtschaftsprüfungs- und Beratungsgesellschaften sowie Rechtsanwälte. Im Folgenden werden diese Transaktionsquellen vorgestellt:

- *Privates und berufliches Netzwerk*: Das eigene Netzwerk ist eine nicht zu unterschätzende Quelle bei der Generierung von Deal Flow. Kontakte zu Personen in verantwortungsvollen Positionen, wie z. B. Verwaltungs-, Aufsichts- oder Beiratsmitglieder oder Unternehmenseigentümer, spielen eine wichtige Rolle im Beziehungsnetzwerk. Ebenso kann es sich auszahlen, ein intensives Netzwerk zu Branchenexperten und zu Geschäftspartnern potenzieller Zielunternehmen zu pflegen. Um Persönlichkeiten aus Wirtschaft, Wissenschaft und Politik an sich zu binden, stellen

Private Equity-Gesellschaften Beiräte auf, in denen diesen Personen eine Mitgliedschaft in Verbindung mit zumeist an die Fondsperformance geknüpften monetären Anreizen angeboten wird. Durch die Beteiligung am Fonds sind auch Beiratsmitglieder daran interessiert, den Private Equity-Gesellschaften erfolgreiche Deals zu vermitteln.

-   *Andere Private Equity-Gesellschaften*: Diese können ebenfalls eine Transaktionsquelle darstellen und zwar dann, wenn sie für einen eigenen Buy-out Co-Investoren benötigen. Das Co-Investment (auch Syndizierung genannt) bietet neben der Dealgewinnung den Vorteil der Risiko- und Aufgabenteilung sowie des Know-how-Transfers von anderen Private Equity-Gesellschaften (vgl. Zemke 1995, S. 202ff.).

-   *Banken*: Sowohl Geschäfts- als auch Investmentbanken gehören zu den wichtigsten Transaktionsquellen von Private Equity-Gesellschaften. Geschäftsbanken erhalten beispielsweise durch die Vergabe von Firmenkrediten vertiefte Kenntnis über die Finanzierungsstruktur sowie den Finanzierungsbedarf eines Unternehmens und können dadurch genau abschätzen, ob ein Unternehmen für einen Buy-out geeignet ist oder nicht. Investmentbanken sind sogar darauf spezialisiert, Buy-out-Kandidaten zu finden und zu vermitteln. Darüber hinaus begleiten sie eine Transaktion über nahezu alle Phasen des Investitionsprozesses. Investmentbanken erhalten für die Vermittlung eine Vergütung, die mit dem Transaktionspreis korreliert und daher für die Private Equity-Gesellschaft entsprechend kostenintensiv ist.

-   *Wirtschaftsprüfungs- und Beratungsgesellschaften, Anwaltskanzleien*: Aufgrund ihrer engen und vertraulichen Zusammenarbeit mit ihren Mandanten verfügen Wirtschaftsprüfungs- und Beratungsgesellschaften sowie Anwaltskanzleien über einen fundierten Einblick in die wirtschaftliche Lage eines Unternehmens. Daher erkennen sie schon frühzeitig interessante Buy-out-Kandidaten. Allerdings unterliegen betrachtete Gesellschaften einer Geheimhaltungspflicht. Daher haben diese Akteure oft nur wenig Interesse an einer Transaktionsvermittlung.

Gleichwohl gibt es neben den beschriebenen Akteuren eine Anzahl weiterer Quellen, die kapitalsuchende Unternehmen und Private Equity-Gesellschaften zusammenbringen können. Dazu zählen etwa Organisatoren von Messen, Konferenzen, Symposien und Seminaren. Da Private Equity-Gesellschaften meist ein umfangreiches Wissen über die spezifische Situation des Unternehmens fehlt, werden die bereits beschriebenen Quellen bevorzugt genutzt.

3.1.2.2   Vor- und Nachteile der Vermittlung durch Dritte

Als wesentliche Vorteile der Beteiligungsvermittlung durch Dritte können festgehalten werden:

- *Geringerer Einsatz eigener Ressourcen*: Im Gegensatz zur aktiven Marktanalyse müssen keine eigenen Ressourcen eingesetzt werden, um attraktive Buy-out-Kandidaten in einem langwierigen Prozess der Eigenrecherche zu finden.

- *Insiderinformationen*: Unter Umständen hat die vermittelnde Person fundierte Kenntnisse über die wirtschaftliche Situation einschließlich der Potenziale und Risiken des Unternehmens, die sonst nicht ohne Weiteres zu gewinnen wären.

- *Verkaufsbereitschaft*: Die Vermittlung durch Dritte kommt häufig deshalb zustande, weil ein kapitalsuchendes Unternehmen seine Kontakte bei der Suche nach einer geeigneten Private Equity-Gesellschaft aktiviert hat oder weil eine dritte Person aufgrund fundierter Informationen zu dem Schluss gekommen ist, dass das Unternehmen eine Private Equity-Finanzierung braucht. In beiden Fällen ist daher die Wahrscheinlichkeit, dass das Unternehmen für einen Buy-out bereit ist, als hoch einzustufen.

Als wesentliche Nachteile können gesehen werden:

- *Vermittlungsgebühren*: Investmentbanken rechnen transaktionsvolumenbasiert ab. Deals, die auf diese Weise generiert werden, sind für die Private Equity-Gesellschaft bzw. das Portfoliounternehmen vergleichsweise teuer.

- *Wissen Dritter*: Buy-out-Transaktionen finden gewöhnlich ohne große Kenntnisnahme der Öffentlichkeit statt. Wissen Dritte von einer bevorstehenden Transaktion, ist diese Geheimhaltung möglicherweise nicht mehr gewährleistet. Dies kann zu einem Bieterkampf führen: Konkurrierende Finanzinvestoren könnten durch einen höheren Preis das Unternehmen „wegschnappen" oder die ursprüngliche Private Equity-Gesellschaft zu einer höheren Offerte zwingen.

3.2   Passive Deal Flow Generierung

3.2.1   Die Vorbereitungsphase von Unternehmen auf eine Transaktion

Eine gute Vorbereitung auf eine Private Equity-Finanzierung beginnt mit einer ausführlichen Auseinandersetzung mit dem eigenen Unternehmen. Dem schließt sich die Erstellung des Businessplans an, der den wichtigsten Bestandteil in der Vorbereitungsphase bildet.

3.2.1.1 Gründe für eine Private Equity-Finanzierung

Die Gründe eines Unternehmens, sich für eine Finanzierung mittels Private Equity zu entscheiden, sind vielfältig (vgl. Luippold 1991, S. 18ff.; Berger 1993, S. 21ff.):

- *Fehlende Nachfolgeregelung*: Häufig fehlt in personenbezogenen Familienunternehmen bei einem auftretenden Generationswechsel ein qualifizierter Nachfolger innerhalb der Familie, sodass das Unternehmen an Familienexterne veräußert werden muss.

- *Restrukturierung von Konzernen*: Aufgrund der Fokussierung auf das Kerngeschäft bereinigen große Konzerne zunehmend ihr Portfolio und schaffen somit die Möglichkeit zu Unternehmenstransaktionen.

- *Going Private*: Mit einer Börsennotierung sind erhebliche Kosten und umfangreiche Publizitätspflichten verbunden. Daher ziehen sich teilweise börsennotierte Unternehmen von der Börse zurück. Mithilfe von Private Equity-Gesellschaften gelingt es, eine Privatisierung des Unternehmens zu finanzieren.

- *Sanierung von Krisenunternehmen*: Im Falle eines krisenbedingten Kapitalmangels eines Unternehmens bietet sich im Rahmen der Sanierung ein Verkauf als eine mögliche Form der Kapitalbeschaffung an.

- *Privatisierung*: Bemühungen von Bund, Ländern und Kommunen sind darauf gerichtet, industrielle Beteiligungen zu veräußern und öffentliche Dienstleistungen zu privatisieren. Mögliche Ziele sind eine Reduzierung der Schuldenlast, die Erzielung von Effizienzsteigerungen oder Einsparmaßnahmen. Obwohl in diesem Bereich bislang selten Private Equity-Transaktionen zu beobachten waren, gibt es Anzeichen für eine zunehmende Bedeutung.

Unabhängig davon, welche Gründe für einen Kapitalbedarf über eine Private Equity-Gesellschaft vorliegen, ist eine gründliche Vorbereitung seitens des kapitalsuchenden Unternehmens nötig. Zunächst muss das Unternehmen in einem Selbsttest überprüfen, ob es grundsätzlich geeignet und bereit ist, eine solche Kooperation mit einem Finanzinvestor einzugehen. Fällt diese Prüfung positiv aus, muss das Unternehmen vor der Kontaktanbahnung einen Businessplan aufstellen.

3.2.1.2   Eignungskriterien für eine Private Equity-Finanzierung

Über die Eignung eines Unternehmens für eine Private Equity-Finanzierung kann eine Selbsteinschätzung Aufschluss geben. Die folgenden finanziellen und marktbezogenen Kriterien kennzeichnen einen erfolgreichen Buy-out-Kandidaten:

- Das Unternehmen weist einen geringen Verschuldungsgrad auf.

- Das Unternehmen sollte umfangreiche, bislang nicht als Sicherheit dienende Aktiva vorweisen.

- Das Unternehmen weist positive, stabile und vorhersagbare operative Free Cashflows auf.

- Das Unternehmen sollte nicht unter einem Wachstumszwang stehen, damit die hohen operativen Free Cashflows – im Hinblick auf die zu erwartende enge Finanzierungsstruktur – zur Bedienung der Schulden verwendet werden können.

- Das Unternehmen agiert vorzugsweise in ausgereiften Märkten mit eher geringem Wachstumspotenzial und -bedarf sowie hohen Markteintrittsbarrieren.

- Die Unternehmen sollten einen hohen Marktanteil (vorzugsweise Marktführerschaft) und einen etablierten Markennamen aufweisen.

Dabei sind folgende organisatorische Aspekte zu berücksichtigen:

- Das Unternehmen verfügt über ein gutes Management.

- Das Unternehmen hängt nicht vom Know-how einiger weniger, nur schwer ersetzbarer Personen ab.

- Das Unternehmen hat idealerweise eine geringen (Re-)Investitionsbedarf, einen unwesentlichen Betriebsmitteleinsatz und einen geringen F&E-Bedarf.

- Das Unternehmen verfügt über stabile Unternehmensstrukturen mit einem modernen Rechnungswesen und Controlling sowie Marketingtechniken.

- Das Unternehmen ist in der Lage, einen fundierten Businessplan über eine Planungsperiode von drei bis fünf Jahren aufzustellen.

Die organisatorischen Gegebenheiten eines kapitalsuchenden Unternehmens sind nicht zu unterschätzen. Je unausgereifter die organisatorische Aufstellung des Unternehmens ist, desto instabiler bewertet der Finanzinvestor die Unternehmensentwicklung. Das kapitalsuchende Unternehmen muss in diesem Fall mit der Auflage für den Deal rechnen, dass der Finanzinvestor dem Unternehmen ein eigenes Managementteam zur Seite stellen kann.

Neben all diesen Aspekten muss das kapitalsuchende Unternehmen auch bedenken, dass sich Finanzinvestoren umfangreiche Mitspracherechte einräumen lassen. Daher muss das Management darauf vorbereitet sein, unter Umständen nach Vollzug der Transaktion nicht mehr komplett eigenständig entscheiden zu können. Wichtige Entscheidungen sind dann mit dem Finanzinvestor abzusprechen.

Nicht zuletzt muss sich das Management bewusst sein, dass der Finanzinvestor nach ca. fünf bis acht Jahren einen Exit, also den Ausstieg aus dem Investitionsprojekt, anstrebt. Ein signifikantes Wertsteigerungspotenzial allein ist für ein Beteiligungsprojekt nicht ausreichend. Es müssen zusätzlich entsprechende Exit-Perspektiven vorhanden sein. Der Investor muss die Möglichkeit haben, seine Beteiligung nach ca. fünf bis acht Jahren wieder zu veräußern und so die tatsächliche Wertsteigerung zu realisieren.

Sieht sich das Unternehmen nach Abwägung der Kriterien als idealen Buy-out-Kandidaten, ist der nächste Schritt in der Vorbereitungsphase die Aufstellung eines Businessplans.

3.2.1.3 Aufstellung eines Businessplans

Private Equity-Unternehmen erhalten tagtäglich eine Vielzahl von Businessplänen. Ziel der Finanzinvestoren ist es, genau jene Unternehmen herauszufiltern, die über ein hervorragendes Wertsteigerungspotenzial innerhalb ihrer Branche verfügen. Deshalb ist es essenziell für ein Unternehmen, den Businessplan so zu gestalten, dass die Private Equity-Gesellschaft dieses Potenzial erkennen kann.

Der Businessplan erfüllt für die Private Equity-Gesellschaft die Funktion, Potenziale und Risiken des Investments zu überprüfen. Auch für das kapitalsuchende Unternehmen ist der Businessplan hilfreich: Der Plan hilft, das eigene Konzept gründlicher planen und besser verkaufen zu können. Folgende Punkte muss das Unternehmen bei der Erstellung herausarbeiten:

-   *Unternehmensdarstellung*: In diesem Abschnitt werden aktuelle Unternehmenskennzahlen, die bisherige Entwicklung sowie die künftige Positionierung des Unternehmens inklusive der angestrebten Strategie, der Erfolgsfaktoren und wichtiger Meilensteine dargestellt.

-   *Produkt oder Dienstleistung*: Neben der reinen Bezeichnung des Produktes oder der Dienstleistung werden in diesem Abschnitt auch dessen besondere Merkmale in Bezug auf den Kundennutzen und den Wettbewerbsvorteil herausgestellt. Ebenso werden Angaben zu bestehenden Patenten und Lizenzen gemacht und der Stand der Entwicklung sowie zukünftige F&E-Pläne aufgezeigt.

- *Markt und Wettbewerb*: Dieser Abschnitt beinhaltet detaillierte Analysen des Marktes und der Branche und sowie der Mitbewerber.

- *Marketing und Vertrieb*: Hierunter fällt die Ausarbeitung eines Marketing- und Vertriebskonzeptes, die Darstellung der Preisgestaltung, der Werbe- und Kommunikationsmaßnahmen sowie der speziellen Serviceleistungen.

- *Management*: Hierbei müssen die Qualifikationen des Managements und der Mitarbeiter in Schlüsselpositionen herausgestellt werden.

- *Planung der kommenden drei bis fünf Geschäftsjahre*: Damit sich die Private Equity-Gesellschaft ein Bild der Vermögens-, Ertrags- und Liquiditätslage machen kann, muss das Unternehmen für die nächsten drei bis fünf Geschäftsjahre eine detaillierte Umsatz- und Ergebnisplanung sowie Liquiditätsplanung – möglichst auf monatlicher Basis – vorlegen. Weiterhin müssen Pläne zur beabsichtigten Investitionstätigkeit sowie zur personellen Besetzung aufgestellt werden.

- *Finanzbedarf*: Dieser Abschnitt beinhaltet eine Aufschlüsselung der Quellen, aus denen die in der Liquiditätsplanung aufgeführten Positionen finanziert werden können.

- *Stärken, Schwächen, Chancen und Risiken (SWOT)*: Die Informationen aus Markt, Kunden und Wettbewerb müssen in einer SWOT-Analyse verdichtet werden. Hierbei empfiehlt sich die Ausarbeitung von Best- und Worst-Case-Szenarien, um die vorhandenen bzw. prognostizierten Chancen sowie die potenziellen Risiken zu analysieren und Lösungswege aufzuzeigen. Obwohl es de facto nur eine Art Zusammenfassung darstellt, pointiert es die Attraktivität eines Geschäftsmodells und ermöglicht eine Wertung auf einen Blick.

- *Anhang*: In den Anhang gehören alle relevanten Unterlagen, die die oben getroffenen Angaben unterstreichen. Dazu zählen unter anderem Detailausarbeitungen zur Planbilanz, zur Plan-GuV und zur Planliquidität, Konstruktionspläne, Belege für Patente und Lizenzen, Organigramme, Lebensläufe der Manager, Prospekte, Marktuntersuchungen.

Der wichtigste Bestandteil des Businessplans ist allerdings das Management Summary, welches einleitend als erste Seite des Businessplans eingeordnet wird. Das Management

Summary enthält eine prägnante Darstellung des Produktes oder der Dienstleistung, des Kundennutzens, der relevanten Märkte sowie der Kompetenz des Managements. Ebenso beinhaltet es die Motivation für den Buy-out sowie die wichtigsten Aspekte des Geschäftsvorhabens, wie z. B. Unternehmensziele, Investitionsbedarf und mögliche Rendite. Das Management Summary wird erst geschrieben, wenn die oben genannten Punkte komplett durchgearbeitet sind, denn erst dann lassen sich Ideen und Ziele präzise formulieren.

Das Management Summary ist der erste Bestandteil, den ein Private Equity-Professional liest. Oft entscheidet er bereits anhand dieser Zusammenfassung, ob er sich mit dem Unternehmen weiter auseinandersetzt oder nicht. Kapitalsuchende Unternehmen erhöhen ihre Chance wesentlich, wenn sie das Unternehmen kurz und schlüssig entsprechend den speziellen Anforderungen der Private Equity-Gesellschaft vorstellen.

3.2.2 Die Kontaktanbahnung durch Unternehmen

Grundsätzlich besteht die Möglichkeit, dass sich entweder die Private Equity-Gesellschaft an potenzielle Zielunternehmen wenden (vgl. Abschnitt 3.1) oder umgekehrt Unternehmen die Finanzinvestoren kontaktieren (vgl. Abschnitt 3.2). Zumeist tritt bei einem Buy-out letztere Vorgehensweise in Erscheinung. Dabei kann die Initiative, Kontakt mit dem Finanzinvestor aufzunehmen, sowohl vom Unternehmenseigentümer als auch von dessen Management ausgehen.

Abhängig von der Größe des Unternehmens erfolgt die Kontaktanbahnung mit der Private Equity-Gesellschaft direkt oder indirekt über Investmentbanken. Bevor der erste Kontakt jedoch vollzogen wird, muss das Unternehmen einige Vorüberlegungen hinsichtlich der Auswahl der Private Equity-Gesellschaft treffen und sich über den Zeithorizont bis zur tatsächlichen Finanzierung bewusst werden.

3.2.2.1 Auswahl der Private Equity-Gesellschaft

Das erste Augenmerk fällt auch bei einem kapitalsuchenden Unternehmen darauf, inwieweit Übereinstimmung mit den von der Private Equity-Gesellschaft auferlegten Investmentkriterien, wie Finanzierungsstufe, geografische Lage, Branche und Unternehmensgröße, besteht. Häufig werden kapitalsuchende Unternehmen nur deshalb zurückgewiesen, weil sie nicht in die Investmentstrategie des Fonds passen.

Hat das kapitalsuchende Unternehmen anhand dieser Kriterien prinzipiell den richtigen Eigenkapitalpartner identifiziert, ist der nächste Schritt, sich genauer über den Finanzinvestor zu erkundigen. Dabei muss das kapitalsuchende Unternehmen folgende Punkte hinterfragen:

- Verfügt die Private Equity-Gesellschaft über genügend Transaktionserfahrung? Existieren Kenntnisse über die eigene Branche? Welche kaufmännischen und industriespezifischen Kenntnisse haben die Private Equity-Professionals?

- Kann der Finanzinvestor dem Unternehmen die benötigten Mittel zur Verfügung stellen?

- Verfügt die Private Equity-Gesellschaft über Erfahrung mit Unternehmen entsprechender Kultur, Größe und Reife?

- Verfügt der Finanzinvestor über geeignete Kontakte und Netzwerke, die der Entwicklung des Unternehmens von Nutzen sein könnten?

- Können Synergien mit anderen Unternehmen im Portfolio des Finanzinvestors geschöpft werden?

Ist das kapitalsuchende Unternehmen nach Analyse der oben genannten Kriterien willens, mit dem Private Equity-Unternehmen zusammenzuarbeiten, so ist als nächstes der Kontakt zum bevorzugten Finanzinvestor herzustellen.

3.2.2.2 Die direkte Kontaktanbahnung

Eine direkte Kontaktanbahnung findet zumeist bei kleineren bis mittleren Transaktionen statt und erfolgt oft durch die Übersendung des Businessplans an die Private Equity-Gesellschaft. Unternehmen sollten sich vor dem Erstkontakt über verschiedene Finanzinvestoren informieren und gemäß den im vorangegangenen Abschnitt genannten Kriterien einige wenige passende Finanzinvestoren auswählen. Es ist nicht empfehlenswert, wahllos sehr viele Private Equity-Gesellschaften anzusprechen, da diese oftmals über die Syndizierung von Investmentprojekten in Kontakt stehen. Dadurch könnte der nachteilige Eindruck erweckt werden, dass das Unternehmen in Schwierigkeiten steckt und händeringend Kapital benötigt.

Bekundet die Private Equity-Gesellschaft Interesse an dem Unternehmen, wird im nächsten Schritt normalerweise ein persönlicher Termin vereinbart. Ein Unternehmen sollte sich für das Erstgespräch gründlich vorbereiten. Dazu sollte das Management generell noch einmal den Businessplan durcharbeiten und darüber hinaus eine erste Vorstellung über den Unternehmenswert entwickeln.

Generell ist zu empfehlen, für das Erstgespräch eine Kurzpräsentation vorzubereiten, die alle wesentlichen Aussagen des Businessplans enthält. Dabei sollte darauf geachtet werden, dass der Vortragende kurz und bündig nur die relevanten Fakten herausstellt. Ein wichtiger Faktor ist auch, dass die Verkäuferseite ihre Meinung vertreten und mit entsprechender Überzeugungskraft begründen kann. Unter Umständen sollte sich das Unternehmen diesbezüglich vorher von einer neutralen Seite beraten lassen.

Nach dem Erstgespräch wird sich die Private Equity-Gesellschaft ihre erste Meinung bilden und gegebenenfalls zur Grobanalyse übergehen.

3.2.2.3   Die indirekte Kontaktanbahnung und Auktionen

Die indirekte Kontaktanbahnung verläuft über Dritte, wie bereits in Abschnitt 3.1.2 aus Sicht der Private Equity-Gesellschaften dargestellt. Größere Transaktionen werden häufig durch eine indirekte Kontaktanbahnung initiiert. Dabei schaltet das Unternehmen im Normalfall eine oder mehrere Investmentbanken als Vermittlungsintermediär ein. Diese veranstalten zumeist eine Auktion.

Aufgrund des steigenden Wettbewerbs der Finanzinvestoren um vielversprechende Beteiligungsunternehmen sind Auktionsverfahren zur gängigen Praxis bei großen Buy-out-Transaktionen geworden. Üblich sind Höchstpreis-Auktionen, bei denen jeder Bieter verdeckt – z. B. in schriftlicher Form – sein Kaufangebot abgibt. Der Höchstbietende erhält den Zuschlag und bestimmt mit seinem Gebot den Kaufpreis.

Die Auktionsverfahren werden nach einem genau strukturierten Ablauf durchgeführt. In einem ersten Schritt erhalten potenzielle Interessenten zunächst ein kurzes Exposé mit einer relativ allgemeinen Beschreibung des angebotenen Unternehmens. Bei Interesse können sie gegen Abgabe einer Vertraulichkeitserklärung ein detailliertes Informationsmemorandum mit vertraulichen, operativen und finanzwirtschaftlichen Informationen anfordern. Auf dieser Grundlage können sie eine erste Kaufindikation abgeben. Diese unverbindliche Absichtserklärung beinhaltet eine erste Preisvorstellung, die Bedingungen, an die das Angebot geknüpft ist, sowie eine Due Diligence-Liste.

Basierend auf diesen Darlegungen entscheidet der Verkäufer im zweiten Schritt, welche Kaufanwärter einen tieferen Einblick in das Unternehmen erhalten. Dieser ausgewählte Kreis erhält nun die Möglichkeit, eine umfassende Due Diligence durchzuführen.

Nach Abschluss der Due Diligence müssen die verbleibenden Bieter bis zu einem bestimmten Termin ein verbindliches Kaufpreisangebot in Form eines vom Verkäufer ausgearbeiteten Kaufvertrages abgeben. Dabei müssen die Bieter dem Verkäufer – ebenfalls verbindlich – alle gewünschten Vertragsmodifikationen mitteilen. Auf Grundlage dieser Angaben wird einem Finanzinvestor Exklusivität für die abschließenden Verhandlungen gewährt.

Die auftretenden Informationsasymmetrien und eine hohe Zahl an Mitbietern führen bei Auktionen häufig dazu, dass Unternehmen überbewertet werden. Hierbei wird auch vom „Fluch des Gewinners" (Winner's Curse) gesprochen. Der Meistbietende gewinnt zwar den Deal, aufgrund der Bewertung mindert sich aber die erzielbare Rendite.

Für den Verkäufer haben Auktionen zwei entscheidende Vorteile: Erstens führen sie tendenziell zu einem höheren Verkaufspreis. Zweitens wird der Verkaufsprozess im Gegensatz zu Exklusivverhandlungen beschleunigt – vor allem dann, wenn dort wiederholt kein positives Ergebnis erzielt wird.

Aus Sicht der Private Equity-Gesellschaften, die anderweitig genügend Deal Flow generieren können, sind wiederum eher Exklusivverhandlungen wünschenswert. Neben der Aussicht, einen möglicherweise zu hohen Kaufpreis zahlen zu müssen, steht oft auch der Aufwand für die Durchführung einer Auktion in keinem angemessenen Verhältnis zu den Erfolgschancen. Nehmen strategische Investoren an einer Auktion teil, reduzieren sich die Erfolgschancen für Private Equity-Gesellschaften, da strategische Investoren aufgrund erheblicher Synergieeffekte tendenziell höhere Kaufpreise bieten können.

Literaturhinweise

BERGER, M. (1993): Management Buy-out und Mitarbeiterbeteiligung: finanzwirtschaftliche Analyse von Konzepten zur Übernahme von Unternehmen durch Management und Belegschaft, Köln 1993.

KRAFT, V. (2001): Private Equity-Investitionen in Turnarounds und Restrukturierungen, Frankfurt am Main 2001.

LUIPPOLD, T.L. (1991): Management Buy-Outs: Evaluation ihrer Einsatzmöglichkeiten in Deutschland, Bern/Stuttgart 1991.

NIEMANN, C. (1995): Informationsasymmetrien beim Unternehmensverkauf: gesellschaftsrechtliche und auktionstheoretische Analyse unter besonderer Berücksichtigung des Management Buy-Outs, Wiesbaden 1995.

ZEMKE, I. (1995): Die Unternehmensverfassung von Beteiligungskapital-Gesellschaften: Analysen des institutionellen Designs deutscher Venture Capital-Gesellschaften, Wiesbaden 1995.

4 Beteiligungsprüfung

Ähnlich wie bei einer Bonitätsprüfung durch Banken bei der Kreditvergabe führen Finanz-investoren detaillierte Analysen im Vorfeld eines Buy-outs durch. Ein Engagement mit Eigenkapital bedarf jedoch einer erheblich größeren Sorgfalt bei dieser Analyse wegen des höheren Risikos, das Finanzinvestoren eingehen.

Im Unterschied zu einem strategischen Käufer, der üblicherweise neben der Detailkenntnis des Marktes auch zentrale Charakteristika eines Unternehmens kennt, fehlt Finanzinvestoren häufig zunächst das Wissen über die Qualität ihres potenziellen Investments. Diese Informationsasymmetrie zwischen Finanzinvestor und Unternehmensinsidern (Management, Verkäufer) wird durch die eingehende Analyse des Unternehmens und seines Umfeldes reduziert (Due Diligence). Die Kosten einer derartigen Due Diligence liegen wenigstens im oberen sechsstelligen Eurobereich und können bei großen Transaktionen auch leicht sieben-stellige Beträge erreichen. Für den Fall, dass eine Transaktion – aus welchen Gründen auch immer – nicht zustande kommt, stellen diese Kosten eine erhebliche Belastung für den Fonds dar (Break-up-Kosten). Zur Minimierung dieser Kosten wird die Due Diligence im Wesent-lichen in zwei Phasen unterteilt: eine Grobanalyse, deren Ablauf in Abschnitt 4.1 dargestellt wird, sowie eine Detailanalyse, auf die in Abschnitt 4.2 eingegangen wird und die im Folgenden als eigentliche Due Diligence bezeichnet werden soll.

4.1 Grobanalyse

Die Ziele der nachfolgend vorgestellten Grobanalyse sind die erste Einschätzung der Überein-stimmung des Buy-out-Unternehmens mit den Anforderungen (Investment Fit) sowie die grundsätzliche Machbarkeit der Transaktion (Feasibility).

4.1.1 Kriterien

Buy-outs sind Übernahmen eines meist etablierten Unternehmens durch das Management unter Beteiligung eines Finanzinvestors. Da es sich zumeist um Unternehmen in der Größen-ordnung ab 50 Mio. € handelt, können diese Transaktionen nicht ausschließlich durch Eigen-kapital finanziert werden. Auch zum Zwecke der Ausnutzung des Leverage-Effektes sind erhebliche Bestandteile des Kaufpreises durch Banken aufzubringen (Akquisitions-finanzierung). In diesem Zusammenhang spricht man auch von einem Leveraged Buy-out, falls der Fremdkapital-Anteil deutlich über 50 % liegt (Studien sehen einen Wert von rund 65 % des Unternehmenswertes als Schwellenwert).

Fremdkapitalansprüche zeichnen sich durch unbedingte Ansprüche auf Zinsleistung und Rückführung des Darlehens aus. Diese kontinuierliche Belastung bedarf eines stabilen Ge-schäftsmodells, das in der Lage ist, die notwendigen Cashflows zur Zins- und Tilgungsleistung aufzubringen. Konkret sollten Buy-out-Kandidaten die nachfolgend aufgeführten Kriterien weitgehend erfüllen. Diese sind nicht strikt getrennt voneinander zu beurteilen. Vielmehr bedingen sie sich häufig gegenseitig bzw. können sich gegenseitig ausgleichen:

- *Stabiler Cashflow nach Investitionstätigkeit*: Oberste Priorität genießt die Fähigkeit zur nachhaltigen Erwirtschaftung von Cashflows, um eine zügige Rückführung des Fremdkapitals zu gewährleisten. Die Nachhaltigkeit ist aber auch für die Eigenkapitalgeber von Bedeutung, da es die Basis für einen zukünftigen Ausstieg (Exit, vgl. Kapitel 7) aus dem Unternehmen ermöglicht. Die Aussichten auf einen reibungslosen Exit innerhalb von fünf bis acht Jahren werden beeinträchtigt, falls das Unternehmen in einem sehr volatilen Markt agiert oder die Stabilität des Marktes an sich nur für wenige Jahre gesichert scheint. Anhand des Cashflow nach Investitionstätigkeit (EBITDAC) lässt sich ermitteln, ob ein Investitionsstau vorliegt, der die zur Tilgung notwendigen liquiden Mittel in den kommenden Jahren bindet könnte. Das bedeutet jedoch nicht, dass das „frische" Kapital durch Banken und Finanzinvestoren nicht zur weiteren Unternehmensentwicklung genutzt werden kann. Für die Finanzplanung ist jedoch zu berücksichtigen, dass die Finanzierungsmittel in den Jahren nach der Finanzierung durch den operativen Cashflow zurückgeführt werden müssen.

- *Nachhaltigkeit des Geschäftsmodells*: Unter diesem Punkt sind mehrere Aspekte zu subsumieren. Zunächst müssen Buy-out-Unternehmen eine erfolgreiche Historie vorweisen. Damit wird für die Vergangenheit eine erfolgreiche Platzierung des Produktes am Markt nachgewiesen. Damit dieser Erfolg jedoch auch in die Zukunft projiziert werden kann, muss das Unternehmen einen Wettbewerbsvorteil aufweisen, der für den Zeitraum des Investments und nach Möglichkeit auch darüber hinaus einen ähnlichen Erfolg sichert. Dieser Wettbewerbsvorteil kann sehr unterschiedlicher Natur sein, sei es eine überlegene Innovationskraft, ein proprietärer Vertriebskanal oder eine sehr schlanke Kostenstruktur. Das Unternehmen muss also eine valide Strategie aufweisen, die die Stabilität des Unternehmens gewährleistet. Hierzu zählt auch die zukünftige Stellung in der Wertschöpfungskette. Ein Unternehmen mit einem an sich erfolgreichen Produkt könnte nicht nur von bestehenden Wettbewerben in Bedrängnis gebracht werden, sondern häufig auch von Lieferanten oder Kunden, die innerhalb der Kette vorwärts oder rückwärts integrieren. Mit anderen Worten ist sowohl der bestehende als auch potenzielle Wettbewerb zu beachten. Auf eher operativer Ebene ist z. B. die Abhängigkeit von einzelnen Kunden oder Lieferanten eingehend zu untersuchen, da ein Wegfall oder die Änderung der Geschäftsbeziehung, den Erfolg eines Unternehmens in kurzer Zeit aushöhlen kann.

- *Marktentwicklung*: Innerhalb der Grobanalyse stellt der Markt, in dem das Unternehmen agiert, einen ersten zentralen Indikator für den zukünftigen Erfolg eines Unternehmens dar. Einige Branchen werden – unabhängig davon, ob das Unternehmen in einer Nische agiert oder nicht – kaum als geeignet für einen Buy-out angesehen. Während dies z. B. traditionell die Baubranche ist, haben einige Branchen erst durch Misserfolge der Vergangenheit an Vertrauen verloren (z. B. Kabelgeschäft).

Zwei Merkmale dienen Finanzinvestoren als objektive Kriterien. Das erste Kriterium betrifft das Marktwachstum. Die Branche sollte mit geringen, aber stetigen Raten wachsen. Dynamische Branchen sind eher ungeeignet, da deren Entwicklung schwer zu prognostizieren ist. Die Industrie sollte keine Anhaltspunkte für eine Gefährdung durch benachbarte Branchen oder mögliche Innovationen aufweisen. Hierzu sind insbesondere die Entwicklung der nachgelagerten Märkte sowie die potenzielle Substituierbarkeit eines Produktes zu beurteilen.

Das zweite Kriterium betrifft die Stabilität der Marktteilnehmerstruktur. Die Branche sollte möglichst hohe Eintrittsbarrieren aufweisen. Daraus ergeben sich zwei positive Effekte: Erstens signalisiert eine geringe externe Unsicherheit dem Investor eine Zukunftssicherheit des Geschäftsmodells. Zweitens lässt sich die Wettbewerbssituation mit den bestehenden Anbietern stabiler prognostizieren.

Es zeigt sich, dass Private Equity-Investoren häufig von als „sehr langweilig" eingeschätzten Industrien angezogen werden, da es dem Geschäftsansatz bezüglich Strukturierung und Entwicklung des Buy-outs entgegen kommt. In diesem Zusammenhang ist wichtig darauf hinzuweisen, dass möglichst frühzeitig der relevante Markt identifiziert wird, da z. B. Aussagen zum sehr zyklischen Werkzeugmaschinenbau nur geringe Aussagekraft besitzen, wenn das Unternehmen die Zyklizität mit sehr hohen und stabilen After-Sales-Dienstleistungen ausgleichen kann. In diesem Zusammenhang ist auch zu berücksichtigen, dass die regionale Verteilung der Umsätze in der Analyse der Marktentwicklung der entsprechenden Regionen reflektiert ist.

- *Equity Story*: Professionalität und Liquidität des Private Equity-Marktes haben dazu geführt, dass Finanzinvestoren heute nicht mehr nur durch günstige Kauf- und Verkaufsbewertungen auf eine risikoadäquate Verzinsung ihres Eigenkapitals kommen. Vielmehr bedarf es weiteren Potenzials, das Unternehmen zu entwickeln. Das kann sowohl auf der Kosten- als auch der Umsatzseite erfolgen. Die Umsatzseite bietet jedoch größere Möglichkeiten. Im Gegensatz zur Kostenreduzierung ist dies aber auch wesentlich schwieriger in die Praxis umzusetzen. Insbesondere in Hinblick auf einen Exit der Beteiligung muss noch Potenzial zur Werterhöhung bestehen. Ein Exit wird erheblich erschwert, sollte die Beteiligung kein Entwicklungspotenzial für spätere Investoren zulassen.

- *Management*: Schließlich wird dem Management ein wesentlicher Beitrag zum Erfolg eines Buy-outs beigemessen. Dem Management obliegt die Umsetzung der geplanten Maßnahmen zur Unternehmensentwicklung. Daher muss die fachliche und soziale Kompetenz vorhanden sein, in kurzer Zeit ein oft umfangreiches Aktionsprogramm zu verwirklichen. Das Management sollte sich insbesondere durch etwas auszeichnen, das häufig als „Unternehmergeist" bezeichnet wird. Dennoch sollte die Bedeutung des Managements auch nicht überbewertet werden, da die Strukturierung des Buy-outs eine weitgehende Übereinstimmung der Interessen von Management und Finanzinvestoren gewährleistet und nicht ausreichend qualifizierte Manager durch Externe ersetzt werden können. Im Falle eines Management Buy-in bringen Finanzinvestoren ohnehin branchenerfahrene externe Manager mit, die Teile oder die gesamte Führung stellen. Entsprechend wird der Beurteilung in der Phase der Grobanalyse auch keine überdurchschnittliche Bedeutung beigemessen. Kritisch wird es jedoch, wenn der Erfolg eines Unternehmens mit einer oder wenigen Personen eng verknüpft ist. Dies kann der Fall sein, wenn der Unternehmensgründer alle wesentlichen Kundenkontakte hält und diese bei Ausscheiden des Gründers aus dem Unternehmen mit Abwanderung zur Konkurrenz drohen. In einem solchen Fall ist schon frühzeitig einzuschätzen, inwiefern ein Ausscheiden kompensiert oder eine Bindung des Gründers an das Unternehmen sichergestellt werden kann.

Neben diesen Kriterien, die den Investment Fit bestimmen, werden in der Grobanalyse aber auch schon Aspekte beleuchtet, die für die Machbarkeit von Bedeutung sind. Hierunter fallen grundlegende Punkte wie die Transaktionsgröße, da jeder Private Equity-Fonds eine bestimmte Politik bei den Ziel-Transaktionsgrößen verfolgt. Aber auch spezifische Problembereiche wie die Finanzierbarkeit seitens der Banken, eine komplizierte Gesellschafterstruktur oder andere Anspruchsberechtigte sind zu diskutieren. Es sind frühzeitig alle Aspekte zu beleuchten, die einen möglichen kostenintensiven Abbruch des Vorhabens bedingen würden und nicht das Geschäft des Unternehmens oder den Markt an sich betreffen.

4.1.2 Prozess

Wenngleich sich die Analyse eines Unternehmens im Wesentlichen in die Grobanalyse und die Due Diligence unterteilen lässt, ist auch die Grobanalyse wiederum in verschiede Phasen aufgeteilt. Zur Minimierung der Break-up-Kosten erfolgt auch die Grobanalyse in einem iterativen Prozess, der wesentlich durch die Initiative bzw. Quelle des Buy-outs determiniert wird.

Unterschiede im Ablauf der Grobanalyse ergeben sich daraus, ob der Buy-out durch den bisherigen Inhaber des Unternehmens initiiert wird, oder ob der Finanzinvestor das Management eines Unternehmens aktiv kontaktiert. Wiederum anders wird die Grobanalyse im Fall eines Public-to-Private Deals ausfallen. Im „klassischen" Fall geht die Initiative vom Verkäufer bzw. dem bestehenden Management eines Unternehmens aus. Sollte ein Finanzinvestor direkt kontaktiert werden, liefert ein erstes Gespräch wichtige Hinweise, ob sich das Unternehmen für einen Buy-out eignet oder nicht. Meistens wird kurz das Geschäftsmodell diskutiert, die Motivation für den Buy-out besprochen und erste Pläne für die Entwicklung des Unternehmens skizziert. Ein erfahrener Investment Manager kann auf dieser Grundlage einschätzen, ob es sich lohnt, weitere Schritte zu verfolgen.

Große Transaktionen werden häufig nicht durch Direktansprache seitens eines Unternehmensvertreters initiiert. Vielmehr werden Investmentbanken als Intermediäre eingeschaltet, die den Prozess koordinieren und ein Netzwerk zu potenziellen Investoren unterhalten. Die Investmentbanken veranstaltet eine Auktion, an der alle interessierten Finanzinvestoren teilnehmen können. Für den Auktionsprozess wird ein Informationsmemorandum erstellt, dass eine einheitliche Informationsgrundlage für die Investoren bildet. Inhalt dieses Informationsmemorandums sind – mit unterschiedlichem Detaillierungsgrad – die in Abschnitt 4.1.1 besprochenen Kriterien, je nach Art des Unternehmens mit Schwerpunkt auf Markt, Wettbewerb, Technologie/Produkt oder der geplanten Unternehmensentwicklung. Je nach Komplexität des Zielunternehmens und Qualität des Informationsmemorandums wird häufig schon nach ein oder zwei Tagen entschieden, ob das Unternehmen die Anforderungen erfüllt. Regelmäßig werden diese Informationen auch in einer vom Verkäufer beauftragten Vendor Due Diligence zusammengefasst. Um die Objektivität der Informationen zu gewährleisten, wird dieses Dokument von einer Wirtschaftsprüfungsgesellschaft erstellt und den interessierten Parteien relativ früh im Prozess zur Verfügung gestellt.

Bei Transaktionen, die durch Initiative des Finanzinvestors eingeleitet werden, stellt sich die erste Phase anders dar. Im Fall von Public-to-Private-Transaktionen, werden börsennotierte Unternehmen systematisch auf eine mögliche Unterbewertung analysiert. Wenn der faire Wert eines Unternehmens über der Börsenbewertung liegen sollte, bietet sich für einen Finanzinvestor die Möglichkeit, diese Unternehmen als privates Unternehmen fortzuführen und die Wertlücke durch entsprechende Maßnahmen zu schließen. Neben der bestehenden Wertlücke müssen aber auch weiterhin die oben diskutierten Kriterien im Wesentlichen erfüllt sein. Öffentlich zugängliche Quellen wie Geschäftsberichte oder an die Securities and Exchange Commission (SEC) übermittelte Dokumente, sogenannte SEC Filings, bieten sich als Ausgangspunkt an. Falls ein Finanzinvestor über besonderes Branchen-Know-how verfügt und die Situation einzelner Anbieter einschätzen kann, kann ein potenzieller Buy-out-

Kandidat direkt angesprochen werden. Dieses Branchen-Know-how geht entweder auf frühere Transaktionserfahrung zurück oder auf die Einbeziehung von Industrieexperten. Bestehendes Wissen wird durch zusätzliche Informationen aus Datenbanken oder Marktberichten ergänzt. Um für eine direkte Ansprache präpariert zu sein, muss vorab ein zeit- und ressourcenintensiver Aufwand getrieben werden, der mehrere Manntage (Arbeitsleistung pro Fachkraft und Zeiteinheit) in Anspruch nimmt.

Für den Fall der Initiative durch das Unternehmen, entweder mit oder ohne Unterstützung durch einen Intermediär, schließt sich eine Kurzanalyse an. Unter Einsatz von drei bis fünf Manntagen werden die oben diskutierten Kriterien oberflächlich analysiert. Hierzu kommen neben öffentlich zugänglichen Informationsquellen (wie Presseartikel, Internetseiten etc.) auch Datenbanken zum Einsatz, die in komprimierter Form Informationen zu Märkten oder Marktteilnehmern zur Verfügung stellen.

Sollte der Erstkontakt und die mögliche anschließende Kurzanalyse keine Negativmerkmale (sogenannte Deal Breaker) ergeben haben, folgt die erste detailliertere Analyse des Unternehmens, die gelegentlich mit dem Begriff Initial Review bezeichnet wird. Im Unterschied zur Kurzanalyse werden in dieser Phase zum ersten Mal externe Berater eingeschaltet. Insbesondere kommen Unternehmensberatungen zum Einsatz, die in ein bis zwei Wochen das Unternehmen und den relevanten Markt hinsichtlich der Kriterien untersuchen. Auf drei Quellen können die Beratungen zurückgreifen: Neben einer Vielzahl von eignen Datenbanken werden erste Interviews mit Marktteilnehmern durchgeführt, die wichtige Trends, Produkteinschätzungen und andere nicht quantifizierbare Informationen ergeben. Weiterhin können die Beratungen auf eine Vielzahl ähnlicher Analysen zurückgreifen, deren Analogien häufig detailliertes Wissen in kurzer Zeit offenlegen.

Darüber hinaus nutzen Finanzinvestoren regelmäßig ihr Netzwerk an Industrieexperten, auf das sie kurzfristig zurückgreifen können. Auch wenn ein Experte für einen relevanten Markt nicht direkt zur Verfügung steht, können Fachleute aus verwandten Branchen wertvolle Hinweise geben oder weitere Kontakte vermitteln. Zum Teil arbeiten die Experten Hand in Hand mit den beauftragten Unternehmensberatungen, insbesondere um Fragen technischer Natur, zu klären.

Abhängig von der Größe der Transaktion und der Anzahl von interessierten Finanzinvestoren wird diesen auch schon die Möglichkeit eingeräumt, erste Interviews mit dem Management zu führen. Hierzu werden Gespräche mit einigen Personen der ersten und zweiten Leitungsebene vereinbart, in denen auch schon detailliertere Aspekte beleuchtet werden wie einzelne Großkunden oder aktuelle Quartalsentwicklungen. Des Weiteren werden auch bestimmte Problembereiche diskutiert, die die Durchführbarkeit einer Transaktion erschweren könnten (z. B. Gesellschafterstruktur, verborgene Risiken).

4.1.3 Entwicklung des Financial Case

Bei einem positiven Ergebnis der einzelnen Phasen der Grobanalyse wird ein sogenannter Financial Case entwickelt. Hierunter wird eine erste Bewertung und Finanzierungsstruktur des Unternehmens verstanden, auf deren Basis dem Verkäufer eine Preisspanne angegeben wird.

Die erste Bewertung des Unternehmens erfolgt üblicherweise durch die Anwendung der Multiplikator-Methode, bei der eine Umsatz- oder Gewinngröße mit einem zu definierenden Wert (Multiplikator) multipliziert wird, um einen vorläufigen Unternehmenswert zu erhalten. Der Multiplikator wird entweder aus der Börsenbewertung vergleichbarer Unternehmen oder dem Wert früherer Transaktionen abgeleitet. Dabei werden z. B. der Börsenbewertung eines Unternehmens die langfristigen Verbindlichkeiten zugerechnet, um den Entreprise Value zu erhalten. Dieser gibt den Wert aller materiellen und immateriellen Vermögensgegenstände eines Unternehmens unabhängig von der Finanzierung wieder. Die am häufigsten eingesetzte Gewinngröße ist der EBITDA, der weitgehend dem operativen Cashflow eines Unternehmens entspricht. Das Verhältnis des Entreprise Value durch den EBITDA ergibt den gesuchten Multiplikator, der auf den EBITDA des Zielunternehmens angewendet wird.

Teilweise wird auch schon eine erste Discounted Cashflow (DCF)-Bewertung durchgeführt, die jedoch viele Annahmen im Hinblick auf den zukünftigen Cashflow des Unternehmens erfordert und damit rudimentär bleibt.

Wichtig ist zu beachten, dass Buy-outs private Transaktionen darstellen und sich die geringere Handelbarkeit der Ansprüche in der Bewertung niederschlägt. Um dieser Illiquidität Rechnung zu tragen, wird ein Abschlag auf die Bewertung vergleichbarer börsennotierter Unternehmen vorgenommen, der allgemein zwischen 30 – 40 % eingeschätzt wird.

Der daraus resultierende EBITDA- oder EBIT-Multiplikator wird im Allgemeinen in die Zukunft fortgeschrieben, wobei eine Verbesserung der Gewinngrößen eine Erhöhung des Unternehmenswertes nach sich zieht. Dieser wird wiederum als Wert des Unternehmens zum Zeitpunkt des Exits betrachtet und mit der angestrebten Zielrendite auf den aktuellen Zeitpunkt diskontiert. Der resultierende Wert gilt als erste Preisindikation, die der Finanzinvestor bereit ist, zu zahlen. Dabei wird bereits die Wirkung einer teilweisen Fremdfinanzierung in die Berechnungen integriert, indem der Finanzinvestor bereits die Wirkung des Leverage-Effektes berücksichtigt. Dies ermöglicht die Abgabe eines höheren Gebots.

Mit dieser Preisindikation geht der Finanzinvestor in die weiteren Verhandlungen. Das Kaufpreisgebot ist ein wichtiger Faktor für die Entscheidung, welche Interessenten für die nächste Phase einer eingehenden Due Diligence eingeladen werden.

4.1.4 Erfolgsfaktoren

Es wurde deutlich, dass die Phase der Grobanalyse je nach Größe und Art des Buy-outs hinsichtlich des Ablaufes sehr unterschiedlich strukturiert sein kann. Gleichwohl gibt es einige Faktoren, die sicherlich in jedem Fall die Effizienz eines solchen Prozesses aus Sicht des Finanzinvestors entscheidend beeinflussen können. Diese Faktoren werden im Folgenden kurz als Erfolgsfaktoren vorgestellt:

- *Netzwerk*: Ein Netzwerk ist in jeder Teilphase der Grobanalyse von Bedeutung, wie bereits mehrfach erwähnt. Gut verknüpfte Finanzinvestoren kommen überdurchschnittlich häufig an qualitativ hochwertige Unternehmenstransaktionen. Entweder werden diese auf privatem Wege vermittelt oder der Investor wird bei Auktionen regelmäßig berücksichtigt. Letztgenannter Punkt ist aber nicht nur maßgeblich auf Kontakte innerhalb der Finanzindustrie, sondern insbesondere auf die Reputation des Investors zurückzuführen. Ein gut funktionierendes Netzwerk ermöglicht ferner einen Zugang zu Fachleuten unterschiedlicher Branchen und Funktionen, die den Finanzinvestor bei der Analyse unterstützen. Hierdurch wird Wissen genutzt, das anderweitig gar nicht oder nur mit erheblichem Aufwand zur Verfügung steht.

- *Komplexitätsreduktion*: In der Phase der Grobanalyse stehen keine detaillierten Fragen im Vordergrund. Vielmehr gilt es, das Unternehmen und die Industrie ganzheitlich zu erfassen und die oben vorgestellten Kriterien hinreichend genau zu untersuchen. Was hinreichend bedeutet, ist situativ zu entscheiden. Während sich einige Aspekte frühzeitig als unkritisch ergeben könnten, bedürfen andere Aspekte möglicherweise auch schon in dieser frühen Phase einer tiefer gehenden Untersuchung. Von entscheidender Bedeutung ist, dass der Finanzinvestor frühzeitig materielle von immateriellen Faktoren trennen und damit die komplexe Gesamtheit eines Unternehmens auf die wenigen entscheidenden Aspekte reduzieren kann.

- *Erfahrung*: Wenngleich Erfahrung als Faktor sicher für alle Phasen einer Transaktion eine wichtige Rolle spielt, kann sie doch während der Grobanalyse entscheidend sein. Erfahrung knüpft unmittelbar an die beiden vorgenannten Faktoren an, da erfahrene Investment Manager ein dichtes Netzwerk an Kontakten besitzen. Des Weiteren hilft ihre Erfahrung dabei, die Komplexität z. B. aus einer spezifischen Industrie frühzeitig auf die wesentlichen Faktoren zu reduzieren. Erfahrung verleiht auch einen ausgeprägten Geschäftssinn (Commercial Sense), der die Vorteilhaftigkeit einer Transaktion über die harten Fakten hinaus einzuschätzen hilft. Dies ist insbesondere von Bedeutung, wenn Unternehmen sich in einem Erstgespräch vorstellen. Ein ausgeprägter Commercial Sense verhindert Break-up-Kosten in erheblichem Maße. Abschließend können erfahrene Manager auch die Finanzierbarkeit eines Buy-outs anhand von wenigen Fakten einschätzen.

4.2 Due Diligence

Auf Basis der Ergebnisse der Grobanalyse wird das Zielunternehmen einer Detailanalyse unterzogen, der Due Diligence. Der Begriff Due Diligence bezeichnet die sorgfältige Analyse, systematische Prüfung und detaillierte Bewertung eines Transaktionsziels.

Um das Management durch die Durchführung der Due Diligence nicht zu stark zu beanspruchen und den Prozess nicht über Gebühr zu verzögern, werden normalerweise nicht mehr als vier oder fünf Finanzinvestoren für diese Phase zu gelassen.

Der Detaillierungsgrad der Due Diligence hängt im Wesentlichen von drei Faktoren ab. Neben dem zur Verfügung stehenden Budget des Finanzinvestors ist es die Größe und Komplexität einer Transaktion. Da ein Unternehmen mit einem Milliardenumsatz nicht in wenigen Wochen vollständig durchleuchtet werden kann, ist hier eine Konzentration auf die Hauptumsatzträger sinnvoll – sowohl im Hinblick auf einzelne Produkte als auch Regionen.

Ebenso spielt die Firmenpolitik des Finanzinvestors eine Rolle. Während einige Investoren versuchen, Fehleinschätzungen im Nachhinein durch aktives Beteiligungsmanagement zu korrigieren (sogenannter Hands-on-Ansatz), leisten andere Investoren im Vorfeld der Transaktion mehr Detailarbeit und überlassen anschließend die operative Leitung dem Management (sogenannter Hands-off-Ansatz).

4.2.1 Ziele

Entsprechend der Grobanalyse versucht die Due Diligence, die Attraktivität eines Unternehmens, seine inhärenten Risiken und schließlich den fairen Wert zu bestimmen. Während die Grobanalyse einen ersten Eindruck hierzu vermittelt, wird das Unternehmen in der Due Diligence im Detail untersucht. Im Prinzip strebt der Finanzinvestor einen Wissensstand an, der weitgehend dem eines Firmeninsiders entspricht. Die Due Diligence soll also alle wesentlichen Informationsasymmetrien aufheben. Vier generische Ziele können der Due Diligence zugeordnet werden:

- *Identifizierung von Risiken und Potenzialen*: Sowohl Risiken als auch Wertsteigerungspotenziale werden durch die Due Diligence identifiziert. Während die Analyse der Attraktivität des Geschäftsmodells (Commercial Due Diligence) sowohl

Risiken als auch Potenziale umfasst, befassen sich die anderen Bereiche der Analyse insbesondere die internen Risiken eines Unternehmens.

- *Bewertung des Managementplans*: Eine wesentliche Funktion der Due Diligence ist die Bewertung der durch das Management prognostizierten Entwicklung des Unternehmens (Managementplan). Hier werden Annahmen bezüglich der Marktentwicklung, des Wettbewerbsverhaltens und der eigenen strategischen Ausrichtung auf ihre Validität hin überprüft. Neben der Einschätzung der wahrscheinlichen Unternehmensentwicklung gibt dies gleichzeitig Auskunft über die Risikofreude und den Realitätssinn des Managements.

- *Dokumentation der Risiken*: Ein nicht zu unterschätzender Faktor in der Due Diligence ist die Dokumentation der identifizierten Risiken. Dies ermöglicht die bessere Zuordnung von Verantwortlichkeiten und reduziert die Unsicherheit zusätzlich. Für den Fall eines nachträglichen Rechtsstreits nimmt die Due Diligence, sofern sie dokumentiert ist, die Stellung eines Beweismittels ein durch die Vollständigkeit und Wahrheitstreue der Informationen durch den Verkäufer belegt werden.

- *Management*: Abschließend vermitteln alle Bestandteile der Due Diligence einen Eindruck über die fachliche und persönliche Qualifikation des Managements. Insbesondere möchte der Finanzinvestor einen Eindruck gewinnen, ob das Management bereit ist, im Rahmen der Vereinbarungen zu kooperieren und ob die „Chemie" zwischen den Parteien stimmt. Auf Basis dieser Eindrücke entscheidet der Investor, ob es notwendig erscheint, einzelne oder alle Mitglieder des Managements zu ersetzen.

4.2.2 Bestandteile

Die Art des Zielunternehmens bestimmt, welche Gewichtung den einzelnen Bestandteilen der Due Diligence innerhalb der Unternehmensanalyse zufällt. Wenngleich einige Typen der Due Diligence nicht notwendigerweise zum Einsatz kommen müssen, gibt es drei Bestandteile, die in jedem Buy-out durchgeführt werden müssen: Commercial, Financial und Legal Due Diligence. Diese werden nachfolgend vorgestellt.

4.2.2.1 Commercial Due Diligence

Die Bewertung des Geschäftsmodells ist sicherlich die zentrale Aufgabe innerhalb der Unternehmensanalyse. Diese Aufgabe wird zum großen Teil durch die Commercial Due Diligence übernommen. Wenngleich sich der Finanzinvestor natürlich durch eigene Recherchen und Interviews mit Unternehmensvertretern ein Bild der Attraktivität eines Unternehmens verschafft, erfüllt die Commercial Due Diligence zwei darüber hinausgehende Funktionen.

Erstens beleuchtet sie Aspekte, die der Finanzinvestor aus Kapazitätsgründen nicht untersuchen kann. Hierzu gehört das (zukünftige) Verhalten der Wettbewerber, Stimmungen im Markt im Hinblick auf das Unternehmen oder das Marktverhalten potenzieller Käufer. Zweitens ist die Commercial Due Diligence ein Gutachten durch einen nicht-involvierten Dritten. Insbesondere für Banken stellt das Dokument eine wichtige Entscheidungsgrundlage dar.

Folgende Bestandteile beinhaltet eine Commercial Due Diligence im Allgemeinen, wobei der Umfang und Detaillierungsgrad jedes Bereiches transaktionsspezifisch variiert:

- *Markt*: Ein wesentlicher Aspekt für die Unternehmensperformance ist die Entwicklung des relevanten Marktes. Dabei gilt es, die hinter dieser Entwicklung stehenden Determinanten (sogenannte Werttreiber) zu identifizieren. Je nach Markt können unterschiedliche Faktoren als Haupttreiber einbezogen werden. Während die Preisentwicklung sich nicht weiter aufgespalten lässt, ist die Volumenentwicklung auf die einzelnen Bestandteile aufzuteilen, d. h. die Mengenentwicklung der in der Wertschöpfungskette nachfolgenden Märkte, die Substitution durch andere Produkte sowie die Penetration eines Produktes. Die Entwicklung der Nachfrage kann auf Produktsegmente und Regionen aufgeteilt werden. Von besonderer Bedeutung sind in vielen Branchen mit dem Verkauf des Produktes einhergehende Dienstleistungen, die sowohl Pre-Sale (z. B. Beratung) als auch After-Sale (z. B. Instandhaltung) Leistungen umfassen können. Deren Entwicklung ist direkt mit dem Verkauf des Hauptproduktes verknüpft, unterliegt indessen einer eigenständigen Dynamik. Je nach Umsatzanteil oder zukünftiger Bedeutung kann das Verständnis dieser Dienstleistungen wichtiger sein, als die Entwicklung des Hauptproduktes selbst.

- *Kunden*: Die Aufteilung des Marktvolumens auf die einzelnen Anbieter wird durch die Kunden bestimmt. Daher sind die Kaufkriterien der Kunden neben dem allgemeinen Nachfrageverhalten, das unter dem Bestandteile „Markt" beleuchtet wird, von entscheidender Bedeutung. Diese Kriterien können von unterschiedlicher Natur sein und gehen im Allgemeinen weit über den Preis und die Qualität hinaus. Branchenabhängig können Kriterien wie Service, Kundennähe, Reputation, Produktportfolio etc. von Bedeutung sein. Deshalb wird die Nachfrageseite in Bezug auf das Unternehmen analysiert. Diese Analyse zielt darauf ab, einerseits das Kaufverhalten gegenüber dem Zielunternehmen zu analysieren und andererseits eine Einschätzung der Wettbewerber bezüglich der Erfüllung dieser Kriterien zu erhalten. Dies erfolgt sowohl für bestehende Kunden, um das Risiko eines Wegbrechens der Kundenbasis einzuschätzen, aber auch bei potenziellen Kunden, um das Wachstumspotenzial zu beleuchten.

Schließlich dienen Kundengespräche dazu, aktuelle oder mögliche Trends zu erkennen, durch die die gesamte Wertschöpfungskette beeinflusst wird.

- *Wettbewerb*: Der Erfolg eines Unternehmens wird maßgeblich dadurch bestimmt, inwieweit die Kundenkriterien erfüllt werden können. Die Identifizierung eines möglichen Wettbewerbsvorteils des Unternehmens steht im Mittelpunkt des Interesses. Daher werden Anbietervergleiche hinsichtlich der vom Kunden am bedeutendsten eingeschätzten Kriterien durchgeführt. Wenn die technische Überlegenheit eines Unternehmens im Vordergrund steht, werden detaillierte Vergleiche unter Einbeziehung von Fachleuten durchgeführt. Eine große Herausforderung ist es, einen Eindruck von der geplanten strategischen Ausrichtung eines Wettbewerbers zu erlangen. Wichtige Indikatoren sind hier z. B. das bestehende Produktportfolio, die Kriterien der Hauptkunden und Kapazitätsauslastungen. Letztere geben Hinweis auf einen möglichen Preisdruck durch einen Anbieter. Auf Basis dieser Informationen wird üblicherweise eine Entwicklung der Marktanteile prognostiziert. Dies stellt eine Synthese der wettbewerbs- und kundenbezogenen Informationen dar und geht in die unten erläuterte Umsatzplanung ein. Neben diesen umsatzbezogenen Faktoren spielt aber auch die Kostenstruktur eine Rolle. Wenngleich es häufig kaum möglich ist, detaillierte Kosteninformationen zu vergleichbaren Unternehmen zu erlangen, wird versucht, ein Cost-Benchmarking hinsichtlich wichtiger Faktoren zu erstellen (z. B. Produktivität).

Die Analyse des Wettbewerbs eröffnet einer Private Equity-Gesellschaft weiteres Geschäftspotenzial. Durch die intensive Beschäftigung mit einer Branche können weitere Akquisitionsziele identifiziert werden (im Englischen auch als Add-on Acquisitions bezeichnet). Des Weiteren können alternative Veräußerungsoptionen für einen Exit geprüft werden, falls Unternehmen existieren, die möglicherweise Interesse hätten, das Portfoliounternehmen im Rahmen eines Trade Sale zu übernehmen.

- *SWOT-Analyse*: Die Informationen aus Markt, Kunden und Wettbewerb werden schlussendlich in einer SWOT-Analyse verdichtet. Obwohl dies de facto eine Zusammenfassung der Analyse ist, pointiert die Aussage die Attraktivität eines Geschäftsmodells und ermöglicht eine Wertung auf einen Blick. Da viele Informationen aggregiert, ausgewertet und interpretiert werden, treten mögliche Inkonsistenzen oder Defizite in der Analyse gut hervor.

- *Umsatzplanung*: Auf Basis der Vielzahl an erhobenen Informationen und Meinungen wird abschließend eine Umsatzplanung für die kommenden fünf bis acht Jahre entwickelt. Aus Markt- und Marktanteilsentwicklung prognostiziert die beauftragte

Unternehmensberatung die zukünftige Entwicklung des Unternehmens. Zusätzlich wird noch ein Best- und Worst-Case-Szenario erarbeitet. Letzteres ist insbesondere für Banken von Bedeutung. Diese Umsatzplanung wird anschließend mit dem Managementplan verglichen. Durch Aufspaltung der Prognose auf die einzelnen Umsatztreiber wird die Diskussion mit dem Management versachlicht und es können konkrete Details diskutiert werden. Dies kann soweit führen, dass das Management darlegen muss, wie es einzelne Kunden für sich gewinnen bzw. den geplanten Umsatz mit bestehenden Kunden ausweiten möchte.

Zur Durchführung einer Due Diligence stehen verschiedene Instrumente zur Verfügung. Im Wesentlichen können diese in drei Gruppen unterteilt werden, die Sekundärrecherche, Primärrecherche und Modellierung.

- *Sekundärrecherche*: Ein Großteil der Informationen insbesondere zum Markt und Wettbewerb wird aus Sekundärquellen erhoben. Während Marktinformationen insbesondere durch spezialisierte Datenbanken zur Verfügung gestellt werden, halten auch Verbände und Investmentbanken entsprechende Informationen bereit. Komplettiert werden diese durch umfangreiche Analysen von Fachzeitschriften und Branchenreports. Für die Wettbewerbsanalyse sind wiederum Fachzeitschriften hilfreich, ebenfalls geben die Internetseiten der einzelnen Anbieter umfassend Auskunft.

- *Primärrecherche*: Insbesondere für die Bearbeitung der Kundensektion, aber auch für die Identifizierung von Branchentrends ist die Durchführung einer Primärrecherche mit Kunden und weiteren Marktteilnehmern von großer Bedeutung. Hierbei werden strukturierte Interviews durchgeführt, die je nach Komplexität der Thematik und Standardisierung der Fragen entweder an spezialisierte Marktforschungsunternehmen ausgelagert werden oder durch die Unternehmensberatung selbst durchgeführt werden. Je nach Art der Transaktion werden 30-200 Interviews durchgeführt, mit wichtigen Marktteilnehmern oder Fachleuten auch persönlich und nicht telefonisch. Ziel ist es, alle Arten von Informationen und Meinungen einzuholen, die nicht durch Sekundärrecherche erhoben werden können. Daher ergänzen sich die Informationen und geben gegenseitig Anhaltspunkte für weitere Analysen.

- *Modellierung*: Die Modellierung verdichtet in erster Linie die durch Primär- und Sekundärrecherche erhobenen Informationen in einem Modell, um Mechanismen auf den darüber liegenden Ebenen zu verstehen. Des Weiteren werden Modelle auch dazu eingesetzt, fehlende Informationen zu ergänzen, d. h. auf Basis der verfügbaren Daten sinnvolle Schätzungen zu entwickeln, deren Größen durch gesichertes Datenmaterial determiniert sind. Häufig sind beispielsweise keine Informationen für den relevanten

Markt erhältlich, da dieser zu speziell ist und nicht durch Sekundärquellen abgedeckt wird. In diesem Fall wird ein Marktmodell erstellt, das Informationen zu den einzelnen Treibern des Marktes (z. B. Endkundenmärkte) verdichtet und damit eine sehr fundierte Schätzung für die Entwicklung des relevanten Marktes erlaubt. Auch andere Informationen können modelltechnisch erarbeitet werden. Beispielsweise kann es von Interesse sein, die zukünftige Verteilung von Kapazitäten und ihre Auslastungen zu modellieren, um eine Einschätzung für die Preisentwicklung zu gewinnen. Hierzu müssen bestehende und zukünftige Produktionskapazitäten mit der erwarteten Nachfrage für das Produkt inklusive Im- und Exportleistungen zusammengeführt werden. Diese Art von Modellierung ermöglicht weitergehende Analysen, die Simulationscharakter haben. Da Buy-outs häufig in oligopolistischen Industrien stattfinden, können mithilfe derartiger Simulationen mögliche Verhaltensweisen von Anbietern prognostiziert werden.

Unabhängig vom Zweck der Modellierung, können immer zwei Ansätze der Datenverarbeitung verfolgt werden. Ein Top-down-Ansatz bietet die Möglichkeit, die abzuschätzenden Größen aus übergeordneten Informationen durch verifizierte Aufteilungen der Informationen zu ermitteln. Dies bietet den Vorteil einer zeiteffizienten Annäherung an die gesuchten Informationen. Nachteilig sind hingegen ein mangelnder Detaillierungsgrad und eine begrenzte Zuverlässigkeit, da mit sehr groben Angaben gearbeitet wird und kleine Abweichungen erhebliche Auswirkungen auf die Zielgrößen haben. Ein Bottom-up-Ansatz ist präziser aber ungleich aufwändiger. Ausgehend von Angaben zu einzelnen Kunden und Anbietern werden die Zielgrößen über eine entsprechende Datenaggregation abgeleitet.

Häufig ist eine Kombination von Top-down- und Bottom-up-Ansatz sinnvoll, weil so eine Plausibilitätsprüfung durch den Vergleich der in beiden Ansätzen ermittelten Größen möglich ist.

4.2.2.2 Financial Due Diligence

Die Aufgabe der Financial Due Diligence ist es, die Vermögens-, Finanz- und Ertragslage eines Zielunternehmens zu verifizieren. Dazu zählen sowohl Cashflow-bezogene als auch rechnungslegungsbezogene Analysen. Während die Commercial Due Diligence weitgehend zukunftsgerichtet ist, prüft die Financial Due Diligence im Wesentlichen vergangene und aktuelle Größen sowie kurzfristige Entwicklungen. Im Kern wird die Glaubwürdigkeit der durch das Unternehmen vorgelegten Zahlen geprüft. Dementsprechend werden für die Durchführung grundsätzlich Wirtschaftsprüfungsgesellschaften eingeschaltet. Die Cashflow-bezogenen Prüfungen beziehen sich in erster Linie auf das installierte Cash- und Risikomanagement. Die bilanziellen Untersuchungen hingegen prüfen Jahres-, Zwischenabschlüsse und kurzfristige Planungsrechnungen sowie die Qualität und Zuverlässigkeit der Rechnungswesen- und Managementinformationssysteme.

Die folgenden Schritte werden üblicherweise in einer Financial Due Diligence durchgeführt:

- *Finanzlage*: Die Finanzlage eines Unternehmens erfolgt über die Analysen der drei Stufen der Cashflow-Ermittlung. Neben der Überprüfung des Status quo liegt ein besonderer Fokus auf dem kurz- und mittelfristigen Kapitalbedarf. Zur Analyse des operativen Cashflows werden neben den Ergebnissen aus der Ertragsanalyse insbesondere das kurzfristige Umlaufvermögen sowie Kreditsubstitute (z. B. Factoring) und der Finanzierungseffekt aus Rückstellungen geprüft. Im nächsten Schritt wird der Cashflow aus Investitionstätigkeit untersucht, der insbesondere durch die zukünftige Investitionsstruktur bestimmt wird. Hieraus können auch Probleme wie Investitionsstaus abgeleitet werden. Des Weiteren sind Sonderstrukturen wie Asset-based Securities zu prüfen sowie die Investitionsvolumina in das Finanzanlagevermögen. In einem letzten Schritt gilt es, den Cashflow aus Finanzierungstätigkeit eingehend zu überprüfen. Hierunter wird die Prüfung von Kreditstrukturen einschließlich Leasingverbindlichkeiten und Probleme durch bestehende Gesellschafterverhältnisse (z. B. Haftung für ausstehende Einlagen) subsumiert.

- *Vermögens- und Ertragslage*: Jahres- und Zwischenabschlüsse sollen die tatsächliche wirtschaftliche Situation eines Unternehmens darstellen. Bewertungs-, Ansatzspielräume und Sondereinflüsse führen jedoch dazu, dass die Abschlüsse nur selten die tatsächliche Unternehmenslage widergeben. Diese Diskrepanz soll durch die Financial Due Diligence korrigiert werden. Dazu werden die Angemessenheit der Bilanzierung untersucht und wichtige Kennzahlen bereinigt. Daher spricht man in diesem Zusammenhang auch von einer Normalisierung der Kennzahlen.

Im Hinblick auf die Vermögenslage eines Unternehmens werden die Bilanzen auf versteckte Reserven und Lasten sowie nicht-bilanzielle Verpflichtungen untersucht. Auch zentrale Fragestellungen, wie Pensionszusagen und -regelungen, werden aufgrund ihres langfristigen Charakters überprüft.

Für die Ertragslage hat das EBITDA eine große Bedeutung. Durch Bereinigung um nicht-wiederkehrende, nicht-operative Aufwendungen und Erträge wird diese Größe angepasst. Ebenso fließen antizipierte Änderungen in der zukünftigen Ertrags- oder Kostenlage des Unternehmens in die Bewertung ein (Pro-forma Adjustments).

- *Planungsrechnungen*: Planungsrechnungen für einen Zeitraum von einem Quartal bis zu zwei Jahren werden ebenfalls durch die Financial Due Diligence abgedeckt. Besonders die längerfristige Perspektive muss eng mit den Ergebnissen der Commercial Due Diligence abgeglichen werden. Letztere greifen insbesondere auf externe Informationen zurück, daher können sich beide Datengrundlagen gut ergänzen. Beispielsweise kann die Angemessenheit einer Investitionsplanung mit den Marktergebnissen der Commercial Due Diligence verglichen werden. Im Fokus der Planungsrechnungen stehen die Gewinn- und Verlustrechnung sowie die daraus maßgeblich abgeleiteten Cashflow-Rechnungen, da beide für die Unternehmensbewertung von zentraler Bedeutung sind. Hier muss man sich genauestens mit den Planungsprämissen auseinandersetzen und die Ergebnisplanung mit den zugrunde liegenden Teilplänen abstimmen. Das Ergebnis muss sich aus den Volumen- und Preisplanungen, den Material- und Herstellungskosten sowie der Produktionsplanung ableiten lassen. Hierbei werden auch widrige Einflüsse (z. B. Wechselkursänderungen, Ölpreis etc.) und ihre kurzfristige Auswirkung auf die wirtschaftliche Situation eines Unternehmens berücksichtigt.

- *Risiko- und Cash-Management*: Bei der Überprüfung des Risikomanagement-Systems liegt der Fokus entsprechend den Anforderungen des KonTraG auf der Organisation des Risikomanagements und der Absicherungsstrategie. Die Organisation prüft insbesondere die organisatorische Einbindung des Risikomanagements in das Unternehmen, die Mitarbeiterqualifikation sowie die Unterstützung durch IT-Systeme. Die Absicherung des Unternehmens kann sich sowohl auf Marktpreisrisiken als auch Adressenausfallrisiken beziehen. Hier gilt es, zunächst den Absicherungsbedarf zu definieren und dann die angewandte Strategie einschließlich der Instrumente auf ihre Angemessenheit zu prüfen. Eine Untersuchung des Cash-Management-Systems bietet sich insbesondere bei großen Unternehmen mit zahlreichen Tochtergesellschaften an. Besondere Bedeutung erlangt die Untersuchung, wenn ein Buy-out-Unternehmen aus einem bestehenden Konzernverbund herausgelöst wird, da ein Unternehmen über einen eigenen Pool verfügen, aber auch Teil eines übergeordneten Systems sein kann. Für den zweiten Fall steht die Frage der Investitionen für einen Aufbau eines Systems im Vordergrund. Bei bestehenden Systemen hingegen steht die Effizienz des Systems im Vordergrund. Darüber hinaus wird in diesem Zusammenhang die Gefahr von kurzfristigen Liquiditätskrisen eingehend analysiert. Auch finanzielle Verflechtungen mit dem Verkäufer, die einen Liquiditätsengpass auslösen können, werden von der Wirtschaftsprüfungsgesellschaft analysiert.

- *Rechnungswesen- und Controlling-Systeme*: Insbesondere bei großen Unternehmen sagen beide Systeme viel über die Gesamtqualität des Unternehmens aus. Während kleine eigentümergeführte Unternehmen noch häufig ohne aufwändige Systeme auskommen, können Großunternehmen ein aussagekräftiges Kennzahlensystem nur durch ein geeignetes Rechnungswesen und ein Managementinformationssystem generieren. Ein mangelhaftes Rechnungswesen macht nicht nur ein solides Controlling-System unmöglich, sondern rechtfertigt auch Zweifel an der Qualität der Jahresabschlüsse. Für Buy-outs stellt ein leistungsfähiges Controlling-System insbesondere im Hinblick auf die ambitionierten Ziele eines Finanzinvestors eine Notwendigkeit dar. Dadurch wird ein aussagekräftiges Reporting an den Finanzinvestor erst ermöglicht. Nur so können die notwendigen Maßnahmen zur Steigerung des Unternehmenswertes innerhalb des Investitionszeitraums gesteuert werden. Die Bereitstellung eines leistungsfähigen Controlling-Systems kann mit hohem Investitionsbedarf verbunden sein, sodass sich die Beteiligung für den Finanzinvestor nicht rechnet.

4.2.2.3 Legal Due Diligence

Im Rahmen der Legal Due Diligence wird durch eine renommierte Anwaltskanzlei die rechtliche Situation des Unternehmens bewertet. Dabei sind sämtliche rechtlichen Risiken, die sich aus internen wie externen Rechtsverhältnissen ergeben könnten, zu erfassen.

Bestands- und Haftungsrisiken können im Extremfall die Existenz eines Unternehmens gefährden, beispielsweise durch fehlende Baugenehmigungen für eine Produktionsstätte oder nicht abgedeckte Produkthaftungsrisiken. Die Vielfalt an rechtlichen Risiken betrifft eine Großzahl der juristischen Fachgebiete und fordert von der Anwaltskanzlei eine große Bandbreite an fachlicher Kompetenz.

- *Interne Rechtsstrukturen*: Rechtsverhältnisse innerhalb eines Unternehmens sind üblicherweise weniger durch sehr umfangreiche Risiken an sich, als durch eine große Vielfalt an Rechtsbeziehungen geprägt.

Hierunter sind insbesondere alle Vertragsverhältnisse mit Mitarbeitern und Vertretern des Unternehmens zu fassen. Auch kollektiv-arbeitsrechtliche Verhältnisse (Betriebsrat, Gewerkschaftsvertretungen etc.) sind diesem Bereich zuzuordnen.

Ein wesentlicher Schwerpunkt der Due Diligence liegt auf allen gesellschaftsrechtlichen Verträgen. Vor allem gilt es, mögliche Beschränkungen bzw. Bedingungen des Unternehmenskaufs zu identifizieren. Regelmäßig stellt sich auch die Frage nach schwebenden Prozessen, die sich gerade im Vorfeld von fundamentalen Unter-

61

nehmensumbrüchen einstellen können, indem unterschiedliche Interessengruppen gegeneinander opponieren.

Weitere interne Prüfungsgebiete sind z. B. Rechtsverhältnisse zwischen Gesellschaften eines Unternehmensverbundes (z. B. Lieferbeziehungen). Auch die Untersuchung der Vertriebsstrukturen (z. B. Logistik, Niederlassungen) kann ein Bereich der internen Legal Due Diligence sein.

- *Externe Rechtsstrukturen*: Die Untersuchung der Rechtsverhältnisse mit externen Parteien ist im Allgemeinen der bedeutendste Bereich der Legal Due Diligence. Dies liegt neben der Verschiedenartigkeit vor allem am Umfang der Risiken.

Alle Rechtsbeziehungen mit anderen Unternehmen stehen im Fokus, die von zeitlich begrenzten Auftragsbeziehungen bis zu langfristigen Kooperationsvereinbarungen und Joint Ventures reichen können. Beispielsweise ist der bestehende Auftragsbestand auf seine Wirksamkeit hin zu untersuchen, um einen Überblick über Kündigungsmöglichkeiten, Eigentumsvorbehalte oder terminliche Vereinbarungen zu erhalten. Gleichermaßen können Einkaufs- und Beschaffungsverträge Risiken hinsichtlich Mindestabnahme- oder Gewährleistungspflichten bergen. Kooperationen und Joint Ventures müssen auf die Angemessenheit der Verteilung von Rechten und Pflichten untersucht werden. Hinzu kommt, dass ein Unternehmen einen Aktivitätsbereich abdeckt, der sich möglicherweise durch Veränderungen der Marktbedingungen unvorteilhaft entwickelt hat und damit den Wert der Kooperation bzw. des Joint-Venture-Anteils aushöhlt. Ähnlich sind auch Lizenzverträge auf ihren nachhaltigen Wert zu überprüfen. Möglicherweise wird in diesen Bereichen auf die Unterstützung von Unternehmensberatern im Rahmen der Commercial Due Diligence zurückgegriffen.

Ein weiteres Prüfungsfeld betrifft alle Arten von öffentlich-rechtlichen Genehmigungen und Vorschriften. Diese können sehr unterschiedlicher Natur sein und reichen von Brand- und Lärmschutzvorschriften bis zu kartellrechtlichen Genehmigungen.

Schließlich gilt auch ein Hauptaugenmerk den verschiedenen Formen des Schutzes von geistigem Eigentum. Die Nachhaltigkeit des Goodwills wird maßgeblich durch den Bestand an gewerblichen Schutzrechten bestimmt.

4.2.2.4 Weitere Bestandteile der Due Diligence

Neben diesen drei Hauptbestandteilen einer umfassenden Due Diligence können je nach Art und Größe der Transaktionen weitere Prüfungsbereiche hinzugefügt werden. Dabei kommen insbesondere folgende Due Diligences zum Einsatz:

- *Tax Due Diligence*: Obwohl es im Wesentlichen Bestandteil der Financial Due Diligence ist, kann es angebracht sein, die steuerliche Perspektive einer Transaktion separat zu beurteilen. Insbesondere Risiken aus Steuernachzahlungen für vergangene Wirtschaftsjahre sind hier zu identifizieren. Bei sehr komplexen steuerlich motivierten Firmenkonstruktionen kann ein Schwerpunkt auf der Tax Due Diligence liegen.

- *Insurance Due Diligence*: Unternehmen können erheblichen Risiken im operativen Geschäft ausgesetzt sein, die vielfach durch entsprechende Versicherungen abgedeckt werden. Zur Identifizierung von Lücken im Versicherungsschutz werden spezialisierte Unternehmen engagiert, die die Vollständigkeit überprüfen.

- *Environmental Due Diligence*: Risiken können für einen Käufer auch von versteckten Gefahren für die Umwelt ausgehen, wenn diese dem Unternehmen eindeutig zuzuordnen sind. Insbesondere Bodenverunreinigungen und ähnliche Belastungen, die beispielsweise den Untergrund einer Produktionsstätte beeinträchtigen, sind hier zu erwähnen. Diese Art von umweltbezogenen Risiken wird durch die Environmental Due Diligence abgedeckt.

- *IT Due Diligence*: Bei einigen Transaktionen stellt die Leistungsfähigkeit des IT-Systems einen zentralen Erfolgsfaktor dar. Spezialisierte IT-Dienstleister überprüfen das bestehende IT-System auf Leistungsfähigkeit und Angemessenheit. Möglicherweise werden auch Schätzungen zu notwendigen Investitionen in das System abgegeben. Je abhängiger ein Unternehmen von der IT-Struktur ist, desto wichtiger ist die Durchführung einer IT Due Diligence.

- *Human Ressource Due Diligence*: Da Informationen über das Management im Rahmen der üblichen Due Diligence häufig nicht hinreichend für die Beurteilung durch den Finanzinvestor ist, wird zusätzlich eine Personalberatung eingesetzt, die ein Management Audit durchführt. Schwerpunkt ist die persönliche Eignung für die bevorstehenden Aufgaben. Obwohl das Management der ersten Ebene im Zentrum des Interesses steht, werden auch Schlüsselpersonen der zweiten Ebene (z. B. Vertriebsleitung) diesem Audit unterzogen.

- *Technical Due Diligence*: Bei technisch anspruchsvollen Produkten oder Prozessen kann es erforderlich werden, auf entsprechendes Fachwissen auch aus dem universitären Bereich zurückzugreifen und zusätzliche Fachleute hinzuzuziehen.

4.2.3 Prozess

Ähnlich der Grobanalyse ist auch die Due Diligence in mehrere Stufen unterteilt. Im Grunde können zwei Phasen unterschieden werden: die Phase, in der mehrere Finanzinvestoren für das Zielunternehmen bieten, und die Phase, in der ein Finanzinvestor Exklusivität genießt.

Bei großen Transaktionen besteht die erste Phase wiederum aus mehreren Bieterrunden, in denen die Anzahl der Investoren Zug um Zug reduziert wird. Damit einhergehend wird den Finanzinvestoren, die noch am Bieterprozess teilnehmen, zunehmend detailliertere Informationen über das Unternehmen zur Verfügung gestellt. Am Ende jeder Runde müssen die Bieter ein Kaufpreisangebot abgeben, auf Basis dessen unter anderem die Entscheidung über den verbleibenden Bieterkreis getroffen wird. Vollständigen Zugang zu allen Informationen inkl. sämtlicher Verträge erhält indes nur jener Finanzinvestor, mit dem exklusive Verhandlungen vereinbart werden. Diese Vereinbarung wird in einem Letter of Intent (LOI) festgehalten, der für einen Zeitraum von 4 – 6 Wochen exklusive Verhandlungen sicherstellt.

In der zweiten Phase verpflichtet sich der Verkäufer dazu, ausschließlich mit einem Investor zu verhandeln und weitere erst dann zu berücksichtigen, wenn sich dieser Investor zurückgezogen hat.

4.2.4 Erfolgsfaktoren

Während es in der Grobanalyse von Bedeutung ist, in kurzer Zeit die relevanten Bereiche der Unternehmensanalyse zu identifizieren und mit wenig Informationen zu einer Entscheidung hinsichtlich der Attraktivität des Unternehmens zu gelangen, bedarf es in der Due Diligence vor allem Detailarbeit und Koordinationsaufwand. Es können folgende drei Erfolgsfaktoren für die Phase der Due Diligence festgehalten werden:

- *Erfahrung*: Für eine Due Diligence stellt ein hohes Maß an Erfahrung ebenfalls einen wesentlichen Erfolgsfaktor dar. Dadurch steigt die Wahrscheinlichkeit, dass eine ähnliche Transaktion in der Vergangenheit bereits durchgeführt oder geprüft wurde, wodurch bereits die entscheidenden Kenntnisse und Kontakte existieren. Hohe Transaktionserfahrung ist Ausdruck einer intensiven Zusammenarbeit mit externen Beratern (Rechtsanwälten, Unternehmensberatungen und Wirtschaftsprüfern) in der Vergangenheit. Dies reduziert die Koordinationskosten der Zusammenarbeit, da beide Seiten wissen, worauf in der Zusammenarbeit zu achten ist.

- *Koordination*: Eine Schwierigkeit in der Phase der Due Diligence ist die Koordination der einzelnen externen Berater. Zusätzlich muss auch die Zusammenarbeit mit möglichen Finanzierungspartnern koordiniert werden. Da der Einblick des Finanzinvestors in das Unternehmen fundierter ist, gilt es, dieses Wissen mit den externen Beratern abzugleichen und eventuell Verschiebungen des Schwerpunktes einer Due Diligence zu veranlassen.

Einerseits gibt es zwischen den einzelnen Bestandteilen der Due Diligence Überschneidungen, die möglichst gering gehalten werden sollten, andererseits benötigt die Erstellung der einzelnen Due Diligences unterschiedlich viel Zeit, sodass die Koordination auf die einzelnen Daten der Entscheidungsfindung ausgerichtet sein muss. Hierunter fällt auch die Abstimmung einer einheitlichen „Sprache". So kann eine unterschiedliche Segmentierung des Umsatzes zu unbegründeten Inkonsistenzen führen. Schließlich gilt es auch, nicht nur die Bestandteile der Due Diligence untereinander, sondern auch jeden Bestandteil an sich zu koordinieren. Auf Basis der Ergebnisse, die sich in den ersten Wochen einer Due Diligence ergeben, müssen die weiteren Arbeiten entsprechend den Vorstellungen des Finanzinvestors gesteuert werden.

Ein unkoordinierter Prozess zieht erhebliche Reibungsverluste nach sich. Auch gegenüber dem Verkäufer macht es einen guten Eindruck, wenn der Prozess straff organisiert ist und das Management des Zielunternehmens möglichst wenig beansprucht wird.

- *Informationsverarbeitung*: Innerhalb von wenigen Wochen erhält der Finanzinvestor eine enorme Menge an Informationen, die zum Teil untereinander Implikationen nach sich ziehen. Diese Interdependenzen müssen frühzeitig aufgedeckt und im weiteren Prozess berücksichtigt werden. Weiterhin gilt es, aus der Gesamtheit der Informationen die wirklich wichtigen Daten herauszufiltern und in die Bewertung und Strukturierung einfließen zu lassen. An den relevanten Stellen, insbesondere in Hinblick auf die Planung durch das Management, ist eine gewisse Obsession für Detailarbeit von Bedeutung.

Literaturhinweise

BERENS, W./BRAUNER, H./STRAUCH, J. (2002): Due Diligence bei Unternehmensakquisitionen, Stuttgart 2002.

BINDER, P./LANZ, R. (1993): Due Diligence: Systematisches und professionelles Instrument für erfolgreiche Firmen-Akquisitionen, in: INDEX 1993, H. 4–5, S. 15–19.

BING, G. (1996): Due Diligence: Techniques and Analysis, London.

BLEX, W./MARCHAL, G. (1990): Risiken im Akquisitionsprozeß – ein Überblick, in: Betriebswirtschaftliche Forschung und Praxis 1990, Vol. 42, S. 85–103.

GANZERT, S./KRAMER, L. (1995): Due Diligence Review – eine Inhaltsbestimmung, in: Wpg 1995, Jg. 48, S. 576–581.

JUNGBLUT, E. (2003): Due Diligence: die wichtigsten Instrumente und Werkzeuge für die Analyse mittelständischer Unternehmen, Freiburg i.B. 2003.

LÖFFLER, C. (2002): Tax Due Diligence beim Unternehmenskauf: Analyse und Berücksichtigung steuerlicher Risiken und Chancen, Diss., Düsseldorf 2002.

SCOTT, C. (2001): Due Diligence in der Praxis: Risiken minimieren bei Unternehmenstransaktionen; mit Beispielen und Checklisten, Wiesbaden 2001.

SEBASTIAN, K.H./NIEDERDRENK, R./TESCH, A. (1998): Market Due Diligence: Bewertung von Unternehmen aus Sicht des Marktes, in: MAR 1998, S. 207–211.

ZIRNGIBL, N. (2003): Die Due Diligence bei der GmbH und der Aktiengesellschaft: die Geschäftsführungsorgane im Konflikt zwischen Geheimhaltung und Informationsoffenlegung, Diss., Berlin 2003.

5 Strukturierung des Buy-outs

Auf Basis der Ergebnisse der Due Diligence gibt der Finanzinvestor ein abschließendes Kauf-preisangebot ab. Im Vorfeld dazu hat der Finanzinvestor die Finanzierung durch die Banken sichergestellt und eine passende Struktur der Transaktion erarbeitet. Sowohl die Endphase der Due Diligence als auch die einzelnen Bestandteile der Strukturierung sind keine konsekutiven Prozessschritte, sondern vielmehr parallel durchgeführte und zum Teil interdependente Phasen.

Eine Übersicht über die drei Bestandteile einer Buy-out-Strukturierung gibt Abbildung 9. Für beide Phasen der Strukturierung, der finanziellen und rechtlichen Strukturierung gilt der Aus-gleich bzw. die bestmögliche Berücksichtigung konfliktärer Interessenlagen. Insbesondere zwischen Käufer und Verkäufer, aber auch zwischen Finanzinvestor, Management und Banken kann es zu Interessenkonflikten kommen, die in der Strukturierung berücksichtigt werden müssen. Als dritte Phase der Strukturierung wird gemeinhin der eigentliche Vertrags-abschluss gesehen, in den abschließende Kaufpreisverhandlungen einfließen.

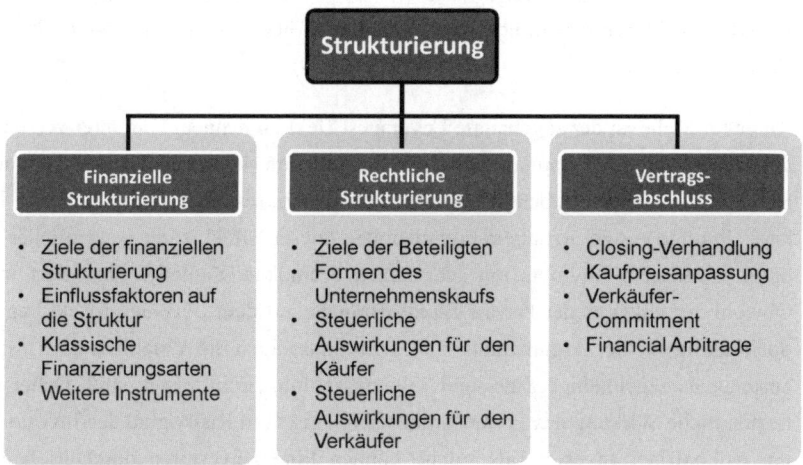

Abbildung 9: **Bestandteile einer Buy-out-Strukturierung**

5.1 Finanzielle Strukturierung

In den folgenden Abschnitten werden zunächst die Ziele und Einflussfaktoren der Akquisitionsfinanzierung vorgestellt. Im Anschluss daran werden die verschiedenen Instrumente diskutiert, wobei zunächst auf die klassischen Finanzierungsinstrumente eingegangen wird und dann weitere typische Instrumente und übliche Vereinbarungen vorgestellt werden.

5.1.1 Ziele

Die zentrale Erfolgsgröße im Private Equity-Geschäft ist die interne Verzinsung (IRR) des eingesetzten Kapitals des Finanzinvestors. Der IRR bezeichnet die Verzinsung bei der die auf den Zeitpunkt der Akquisition abdiskontierten Einzahlungsüberschüsse einen Netto-Barwert von null ergeben. Diese Größe steht auch bei der finanziellen Strukturierung der Transaktion im Vordergrund. Jedoch ist der IRR unter zwei Nebenbedingungen zu maximieren, der Minimierung der Insolvenzwahrscheinlichkeit sowie der Wahrung einer ausreichenden Flexibilität des Unternehmens („Magisches Dreieck"). Eine Maximierung des IRR bedingt Kompromisse bei den beiden anderen Zielsetzungen und umgekehrt. Im Folgenden werden diese Zielsetzungen näher erläutert.

- *Interne Verzinsung (IRR)*: Der Konzeption des IRR entsprechend, ist die Verzinsung unabhängig von den Kapitalmarktzinsen und ausschließlich durch die freien Cashflows des Unternehmens determiniert. Die Höhe der Cashflows wird jedoch durch verschiedene Faktoren bestimmt, die zum Teil auch über die Akquisitionsstrukturierung gesteuert werden.

  An erster Stelle ist der sogenannte Leverage-Effekt zu nennen. Hierunter versteht man das Hebeln der Eigenkapitalrendite durch Aufnahme von Fremdkapital. Solange die Rendite des Projektes oberhalb des Fremdkapitalzinses liegt, erhöht sich die Eigenkapitalrendite mit zusätzlichem Fremdkapital. Dieser Effekt ist ein wesentlicher Grund dafür, dass viele Buy-outs mit sehr hohen Fremdkapitalanteilen finanziert werden. Obwohl der Fokus in der Private Equity-Branche auf dem Leverage-Effekt liegt, wird doch häufig bei der Argumentation verkannt, dass auch die Volatilität der Cashflows ansteigt, da regelmäßige Zins- und Tilgungszahlungen zu leisten sind. Daher ist die letztendliche Wirkung des Fremdkapitals abhängig vom Risikograd des Investors. Nur ein risikoaffiner Investor (als solche können Finanzinvestoren durchaus betrachtet werden) kann aus dem Leverage-Effekt eine Nutzensteigerung ziehen.

  Demgegenüber stellt die steuerliche Abzugsfähigkeit der Fremdkapitalzinsen eine weitere Wirkung des Fremdkapitals dar, die unabhängig von der Risikoeinstellung werterhöhend wirkt. Durch eine Aufnahme von Fremdkapital entsteht bei dem Unternehmen ein positiver Effekt in Höhe des sogenannten Interest Tax Shields, also der gesparten Steuern, der sich positiv auf den IRR auswirkt.

Durch die regelmäßigen Tilgungszahlungen wird eine Anreizwirkung auf das Management ausgeübt, durch das die Verschwendung von freier Liquidität verhindert wird. Könnte das Management frei über den Cashflow verfügen, hätte es einen Anreiz, diesen zum eigenen Wohl und nicht dem des Unternehmens einzusetzen. Die hieraus resultierenden Agency-Kosten würde der externe Finanzinvestor proportional zu seinem Eigenkapital-Anteil tragen.

Diese drei Faktoren haben innerhalb der Finanzstrukturierung den größten Einfluss auf den IRR der Investition. Angesichts stärkeren Wettbewerbs um gute Investitionen ist die Zielrendite in den letzten Jahren kontinuierlich gesunken. Als Untergrenze gilt für Finanzinvestoren mittlerweile ein IRR von 20 %.

- *Insolvenzvermeidung*: Bei einer gegebenen Volatilität des Geschäftes verstärkt Fremdkapital das Risiko des Unternehmens, da das Fremdkapital mit konstanten Beträgen bedient werden muss. Die Volatilität des freien Cashflows, also nach Abzug von Zins- und Tilgungsleistungen verstärkt sich durch die fixen Forderungen der Banken. Es tritt das finanzielle Risiko an die Seite des Geschäftsrisikos. Dies impliziert, dass sich ein Unternehmen mit zunehmendem Fremdkapitalanteil einer gestiegenen Insolvenzwahrscheinlichkeit gegenübersieht. Wäre das nicht Fall, sollte ein Buy-out mit nahezu 100 % kreditfinanziert werden.

Mit der Insolvenz eines Buy-outs sind für den investierten Finanzinvestor erhebliche Kosten verbunden, die sowohl direkt als auch indirekt neben den potenziellen Verlust des investierten Kapitals tritt. Neben Prozesskosten treffen insbesondere Reputationsverluste einen Finanzinvestor. Erstens sinkt die Wahrscheinlichkeit, in zukünftigen Bieterverfahren berücksichtigt zu werden. Zweitens wird das Fundraising für neue Fonds erheblich erschwert. Drittens werden Banken diesen Investoren die Unterstützung mit Fremdkapital erschweren.

Derartige Kosten werden als Insolvenzkosten bezeichnet und bilden ein weiteres Gegengewicht zu den positiven Aspekten des Fremdkapitals. Unter Umständen können diese Kosten so gravierend sein, dass Finanzinvestoren deutlich weniger Fremdkapital in Anspruch nehmen, als sie bekommen könnten. Im weiteren Sinne ist auch ein Aspekt hierunter zu subsumieren, der speziell das Management betrifft. Da die Buy-out-Manager im Normalfall mit einem erheblichen Teil ihres privaten Vermögens involviert sind, kann das gestiegene Risiko dazu führen, dass sie kaum noch profitable aber riskante Projekte durchführen. Risikoreiche Projekte würden ihren Eigenkapitalanteil und eventuell sogar die persönliche Existenz gefährden.

- *Flexibilität*: Wie ausgeführt, stellen Darlehen fixe Belastungen des freien Cashflows dar, der die Bewegungsfreiheit für das Management einschränkt. Obwohl dies eine positive Anreizwirkung ausübt, kann die Belastung so hoch sein, dass das Unternehmen in seiner Flexibilität derart eingeschränkt ist, dass sich bietende Möglichkeiten zur Unternehmensentwicklung nicht wahrgenommen werden können. Gerade in Industrien, die Möglichkeiten zur Konsolidierung bieten, ist es wichtig, die nötige Flexibilität zu gewährleisten. Eine daraus potenziell resultierende Unterinvestition wird auch als eine Form der Agency-Kosten betrachtet, die von allen Eigenkapitalgebern zu tragen sind.

5.1.2 Einflussfaktoren

Wenngleich ideale Buy-out-Unternehmen ähnliche Charakteristika aufweisen – wie ein stabiler Cashflow und ein etabliertes Geschäftsmodell – so können sich die Transaktionen in ihrer Strukturierung erheblich unterscheiden. Hinzu kommt, dass Finanzinvestoren zum Teil eine unterschiedliche Finanzierungspolitik betreiben. Während meist große angloamerikanische Fonds eine eher aggressive Politik verfolgen, finanzieren europäische Fonds ihre Deals eher defensiv mit mehr Eigenkapital. Damit hängt auch die Zielgröße beim IRR zusammen. Bei einer hohen Mindest-IRR bedarf es einer aggressiveren Finanzierungspolitik, wie bereits oben erwähnt. Die folgenden transaktionsspezifischen Charakteristika haben einen Einfluss auf die Finanzierungsstruktur:

- *Cashflow Struktur*: Hierunter sind zwei Komponenten zu subsumieren, die Höhe und die Volatilität des freien Cashflows. Die Höhe des freien Cashflows bestimmt die Verschuldungsfähigkeit des Unternehmens (Debt Capacity), da mehr Liquidität zur Tilgung von Darlehen zur Verfügung steht. Die Volatilität wiederum reflektiert das Risiko des Unternehmens und reduziert die optimale Debt Capacity, da die Insolvenzwahrscheinlichkeit steigt. Die Cashflow-Struktur bezieht sich auch auf die zukünftige Unternehmensentwicklung. Insbesondere wenn zusätzliche Desinvestitionen (Asset Sales) oder Investitionen geplant sind (Buy-and-build), muss dies berücksichtigt werden. Wachstum ist grundsätzlich schwieriger durch Fremdkapital zu finanzieren, da ein Großteil des Transaktionswertes die zukünftige und nicht die aktuelle Unternehmenssituation reflektiert. Die Struktur der Cashflows mit den verschiedenen hierunter zu fassenden Determinanten ist der zentrale Bestimmungsfaktor für die Höhe und Struktur des Fremdkapitalanteils.

- *Unternehmensgröße*: Die mit einer Beteiligungsprüfung verbundenen Fixkosten führen dazu, dass Private Equity-Gesellschaften große Transaktionen bevorzugen. Ebenso ist es leichter, für große Transaktionen Fremdkapital zu erhalten. Kleine Transaktionen sind hingegen schwierig zu finanzieren. Somit lässt sich der Markt in große und kleine Transaktionen aufteilen, ein Grenzwert zwischen diesen Gruppen wird allgemein bei 80-100 Mio. € gesehen.

- *Steuerbelastung*: Die tatsächliche Steuerbelastung wird durch zwei Faktoren determiniert: effektiver Steuersatz und Bemessungsgrundlage. Der effektive Steuersatz kann durch eine geschickte rechtliche Strukturierung reduziert werden. Als Bemessungsgrundlage wird der zu versteuernde Gewinn des Unternehmens angesetzt. Dieser wird wiederum durch die operative Ertragskraft des Unternehmens bestimmt, abzüglich sonstiger nicht fremdkapital-induzierter abzugsfähiger Belastungen (Non-Debt Tax Shields). Zu diesen Belastungen zählen Abschreibungsvolumina aber auch Verlustvorträge, die gegen den aktuellen Gewinn verrechnet werden.

- *Vermögensstruktur*: Ein hoher Anteil an materiellen Vermögensgegenständen bedeutet ein zusätzliches Besicherungspotenzial und damit eine höhere Fremdkapitalaufnahme. Die klassische Form einer Buy-out-Finanzierung basiert auf den zukünftigen Cash-flows und wird deshalb als Cashflow-lending bezeichnet. Eine Besicherung findet nicht statt (Non-Recourse). Bei einem Asset Deal werden hingegen wesentliche Teile der Vermögensgegenstände zur Besicherung der Akquisitionsdarlehen herangezogen (Recourse).

- *Exit*: Auch die Art des geplanten Exits kann einen Einfluss auf die Struktur haben. Wenn eine Beteiligung mit hoher Wahrscheinlichkeit über die Börse veräußert wird, kann die Kapitalstruktur öffentlich gehandelte Fremdkapitalinstrumente umfassen. Da der Aufwand (z. B. Prospekterstellung, Rating etc.) für öffentliche Anleihen im Wesentlichen demjenigen eines Börsengangs entspricht, bietet sich eine Finanzierung über Anleihen bei derartigen Buy-outs eher an, als bei solchen, die über einen Trade Sale veräußert werden.

- *Einstiegs-Multiplikator*: Kann das Unternehmen mit einem günstigeren Multiplikator erworben als veräußert werden, wirkt sich dies natürlich positiv auf den IRR aus. Infolgedessen kann es sich der Finanzinvestor leisten, die Transaktion defensiver zu finanzieren, um nicht den überdurchschnittlichen IRR zu gefährden.

- *Rechtliche Bestimmungen*: Ein Faktor, der ständigen Veränderungen unterliegt, aber dennoch einen erheblichen Einfluss auf die Finanzierungsstruktur hat, sind die rechtlichen Rahmenbedingungen. Insbesondere steuerrechtliche Bestimmungen sind hier zu nennen. Dies betrifft neben der Absetzbarkeit der Finanzierungskosten, die im Rahmen der Steuerreform 2001 für Kapitalgesellschaften als Erwerbergesellschaft gravierend verändert wurde, auch die Bestimmungen der Gesellschafter-

Fremdfinanzierung. Nach § 8a KStG sind Darlehenszinsen einer Gesellschaft auf ein Gesellschafter-Darlehen nur bis zur Höhe des sogenannten Safe Haven abzugsfähig. Darüber hinaus werden Zinsen an den Gesellschafter als versteckte Gewinnausschüttung behandelt und damit der Besteuerung von Dividenden unterworfen. Der Safe Haven beträgt das 1,5-fache des auf den Gesellschafter entfallenden Eigenkapital-Anteils, d. h., die Darlehenssumme darf diesen Betrag nicht übersteigen. Neben Gesellschaftern, die mit mindestens 25 % beteiligt sind, gilt diese Bestimmung auch für Banken, die einen direkten oder indirekten Einfluss über Dritte auf das Zielunternehmen haben. Des Weiteren müssen Kapitalerhaltungsvorschriften für die AG und GmbH beachtet werden, da die Sicherheitenbestellung auf Ebene der Zielgesellschaft für ein Darlehen auf Ebene der neuen Gesellschaft, im Fachjargon NewCo. genannt, eine Substanzgefährdung der Zielgesellschaft bedeuten kann. Die für eine Aktiengesellschaft maßgeblichen Bestimmungen sind die §§ 57, 71a AktG. Die AG kann grundsätzlich nur aus dem festgestellten Bilanzgewinn Leistungen aus dem Vermögen erbringen und die erforderlichen Sicherheiten daher nicht aufbringen. Dieser strenge Schutz des Gesellschaftsvermögens verhindert die Durchführung eines LBO bei einer Aktiengesellschaft. Für die GmbH hingegen bestehen nicht derart strikte Bestimmungen. Die maßgeblichen Regelungen des § 30 GmbHG sollen lediglich eine entstehende Unterbilanz des Zielunternehmens verhindern.

Neben diesen Determinanten gibt es noch einige marktbezogene Einflussfaktoren, die eine Rolle spielen können. In erster Linie könnte die Höhe der Kapitalmarktzinsen einen Einfluss haben. Allerdings spielen diese eine geringere Rolle als gemeinhin angenommen, da sie sich in den letzten Jahren nur geringfügig verändert haben und sich eine Veränderung sowohl in den Fremd- als auch Eigenkapitalkosten niederschlägt. Ein wichtiger Faktor ist hingegen das Verhalten der Bankenbranche im Buy-out-Markt. Es gibt Zeiten, in denen Banken generell eine restriktive Politik verfolgen. Dies kann durch regulatorische Veränderungen bedingt sein oder eine Reaktion auf negative Erfahrungen. Darüber hinaus berücksichtigen Banken den Track Record von Fonds bei ihrer Kreditvergabe. Renommierte Finanzinvestoren erhalten bevorzugt Fremdkapital in gewünschter Höhe, während andere sich die entsprechende Reputation erst erarbeiten müssen.

5.1.3 Finanzierungsarten

Zur Finanzierung einer Akquisition stehen dem Finanzinvestor verschiedene Instrumente zur Verfügung, die sich grundsätzlich in Eigen-, Fremd- und Mezzanine-Kapital unterscheiden lassen. Die Abgrenzung der drei Finanzierungsarten erfolgt in diesem Zusammenhang anhand der Rangverhältnisse der Ansprüche des Kapitalgebers. Zu unterscheiden sind eine Befriedigung in Zeiten der Solvenz des Unternehmens und der Fall einer Insolvenz.

Die Rangverhältnisse der Befriedigung richten sich bei solventen Unternehmen nach dem Fälligkeitszeitpunkt der Finanzinstrumente. Im Allgemeinen werden zunächst die einzelnen Tranchen des erstrangigen Fremdkapitals und dann das Mezzanine-Kapital zurückgezahlt. Das Eigenkapital hat keine Fälligkeit und steht dem Unternehmen unbefristet zur Verfügung.

Für den Fall der Insolvenz können drei Formen des Nachrangs zum Tragen kommen. Zunächst gilt der gesetzliche Nachrang gemäß der Insolvenzordnung, wonach einige Ansprüche gegenüber anderen vorrangig zu bedienen sind. Darüber hinaus kann es einen strukturellen Nachrang geben, der weitgehend durch die Gesamtstruktur der Transaktion bestimmt wird. Wenn beispielsweise eine Holding ein erstrangiges Darlehen zur Finanzierung einer Tochtergesellschaft erhält und dies mit den Anteilen an der Tochtergesellschaft besichert, dann steht das Darlehen bei Insolvenz des Tochterunternehmens im Nachrang gegenüber direkten Gläubigern der Tochter unabhängig von ihrer gesetzlichen Rangposition. Als dritte Möglichkeit besteht ein vereinbarter Nachrang (Rangrücktritt) zwischen Gläubigern. Dieser wird regelmäßig in einem Intercreditor Agreement festgelegt.

Das für einen Buy-out benötigte Kapital wird von unterschiedlichen Kapitalgebern aufgebracht. Abbildung 11 zeigt auf, welche potenziellen Kapitalgeber in eine Transaktion einbezogen werden können und welche Finanzierungsinstrumente von diesen Kapitalgebern zur Verfügung gestellt werden.

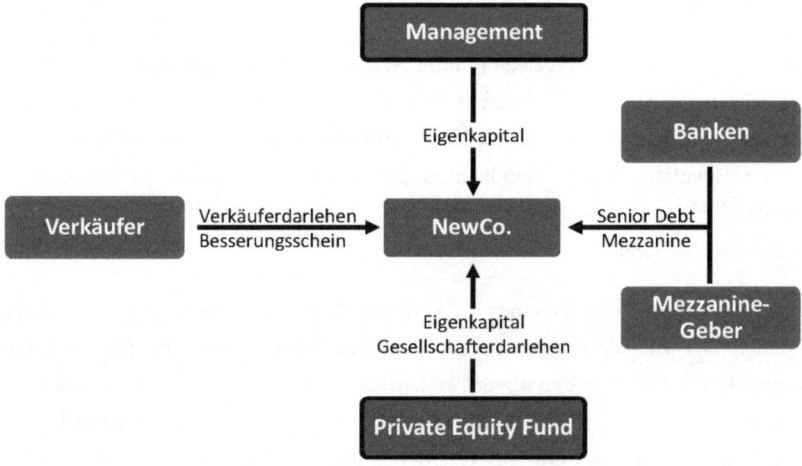

Abbildung 10:   Finanzierungsquellen einer Buy-out-Transaktion

Aus diesen Finanzierungsquellen entwickelt die Private Equity-Gesellschaft eine optimale Kapitalstruktur für die Buy-out-Transaktion. Eine typische Kapitalstruktur eines Buy-outs umfasst stets einen Mix verschiedener Finanzierungsinstrumente aus Eigenkapital, Mezzanine und erstrangigem Fremdkapital, wie in Abbildung 11 aufgezeigt.

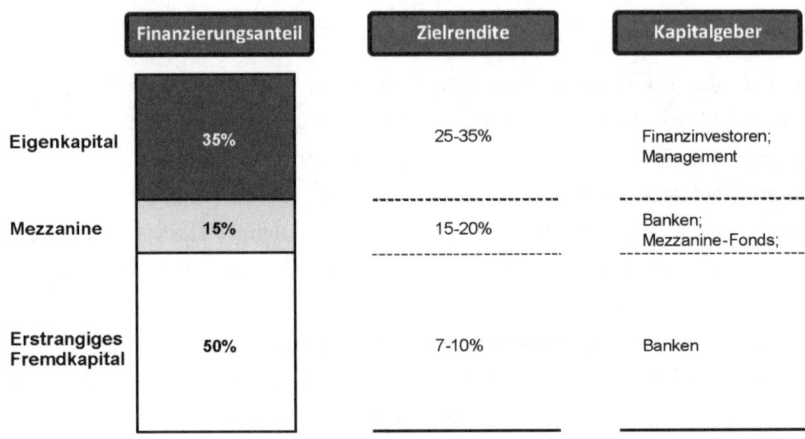

	Finanzierungsanteil	Zielrendite	Kapitalgeber
Eigenkapital	35%	25-35%	Finanzinvestoren; Management
Mezzanine	15%	15-20%	Banken; Mezzanine-Fonds;
Erstrangiges Fremdkapital	50%	7-10%	Banken

Abbildung 11:   Typische Kapitalstruktur eines Buy-outs

Die einzelnen Finanzierungsinstrumente werden im Folgenden näher charakterisiert.

5.1.3.1   Eigenkapital

Die Eigentumsverhältnisse werden durch die Höhe und Struktur des Eigenkapitals bestimmt. Eigenkapital wird unbefristet zur Verfügung gestellt und verbrieft Mitwirkungs-, Mitsprache-, Zustimmungs- und Kontrollrechte. Die Höhe wird durch zwei Faktoren bestimmt: das erzielbare Volumen an erstrangigem Fremdkapital (Senior Debt) und die minimale Eigenkapitaleinlage, die der Finanzinvestor vor dem Hintergrund seiner angestrebten Rendite und Fondspolitik einsetzten möchte.

Darüber hinaus sollte – im Falle eines Management Buy-outs – das Management einen Anteil des Eigenkapitals zur Verfügung stellen, um interessengleiches Handeln sicherzustellen. Dabei handelt es sich um einen vergleichsweise geringen Anteil am Volumen, da das Management nur über eingeschränkte finanzielle Mittel verfügt. Dennoch sollte das Engagement im Bereich des ein- bis dreifachen Jahresgehaltes liegen, um die notwendige Anreizwirkung zu gewährleisten. Trotz des – gemessen am Kaufpreis – meist geringen Betrages wird dem Management ein überproportional hoher Anteil zur Verfügung gestellt, um einen erheblichen Vermögenszuwachs bei Veräußerung der Beteiligung sicherzustellen (Sweet Equity). Entsprechend wird das Verhältnis des Ratios aus Kapitalaufwand und Eigenkapitalanteil von Finanzinvestor und Management als Envy Ratio bezeichnet. Ein einfaches

Rechenbeispiel für eine typische Finanzierung ist Abbildung 12 zu entnehmen. Zusätzliche Anreize zur Planerfüllung werden dem Management durch die Aussicht auf weitere Eigenkapitalanteile eingeräumt (Equity Ratchets).

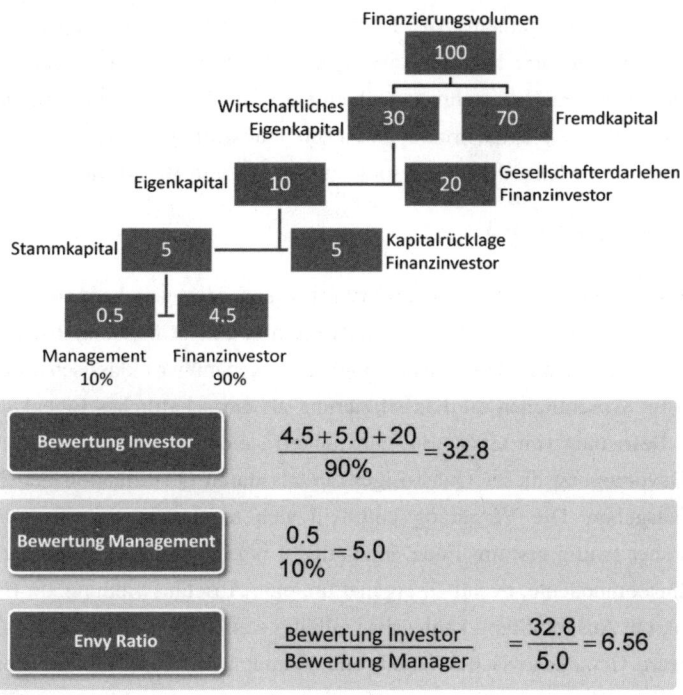

Abbildung 12:   Management Buy-out mit Envy Ratio (in Mio. €)

Das Eigenkapital wird üblicherweise auf vier Wegen zur Verfügung gestellt, den Stammaktien, Vorzugsaktien (Preference Shares), Kapitalrücklagen und dem Gesellschafterdarlehen. Alle vier Formen kommen in größeren Transaktionen zum Einsatz. Durch das Management eingebrachtes Eigenkapital wird meist in Form von Stammaktien zur Verfügung gestellt. Dieses klassische Stammkapital wird durch Preference Shares ergänzt, die durch den Finanzinvestor eingebracht werden. Vorzugsaktien nehmen im Insolvenzfall eine bevorrechtigte Stellung gegenüber den Stammaktien ein. Durch das Agio, das in die Kapitalrücklagen eingestellt wird, kann in erster Linie die Envy Ratio des Managements gesteuert werden, da der Finanzinvestor zusätzliches Eigenkapital einbringt, ohne mehr Anteile am Unternehmen zu erwerben. Schließlich werden Fondsmittel in Form von Gesellschafterdarlehen mit einer kumulierenden festen Verzinsung eingebracht. Diese sind im Allgemeinen als eigenkapitalersetzende Darlehen unter der Eigenkapital-Position zu bilanzieren und werden von Banken als wirtschaftliches Eigenkapital angesehen.

Allen Formen des Eigenkapitals ist die Nachrangigkeit im Insolvenzfall den Fremd- und Mezzanine-Kapitalgebern gemein. Aus der Konkursmasse werden die Eigenkapitalgeber erst bedient, wenn alle bevorrechtigten Ansprüche befriedigt wurden. Daher verlangen die Residualansprüche an das Unternehmen auch eine deutlich höhere Rendite auf das eingesetzte Kapital. Wenngleich die Kapitalstruktur zwischen Transaktionen erheblich variiert, liegt der Eigenkapitalanteil der Mehrzahl der Buy-outs im Bereich von 30 – 40 %.

5.1.3.2   Mezzanine-Kapital

Mezzanine-Kapital sind hybride Finanzierungsformen, die gleichermaßen Elemente von Eigen- als auch Fremdkapitalinstrumenten aufweisen können. Charakteristisch für mezzanine Finanzierungsformen sind deren Nachrangigkeit gegenüber klassischem Fremdkapital (woraus sich im Wesentlichen die Klassifizierung als wirtschaftliches Eigenkapital ableitet), die zeitliche Befristung (im Gegensatz zum unbefristeten „echten" Eigenkapital) und eine steuerliche Bevorzugung dieses Quasi-Eigenkapitals durch Qualifikation der Zinszahlungen als Betriebsausgaben. Die Vergütung unterteilt sich regelmäßig in eine feste Grundverzinsung, die aber häufig erst am Ende der Laufzeit bezahlt wird plus eine variable erfolgsabhängige Zinskomponente, eventuell ergänzt um eine Abschlusszahlung am Ende der Laufzeit. Die konkrete Ausgestaltung kann sehr vielfältig sein und erlaubt jede Positionierung auf der Risk-/Return-Geraden zwischen Eigen- und erstrangigem Fremdkapital. Diese Flexibilität ist der wesentliche Vorteil des Mezzanine-Kapitals. Der Anteil an Mezzanine-Kapital beläuft sich in den meisten Buy-outs auf nicht mehr als 10 – 20 %.

Die typischen Ausgestaltungsformen von Mezzanine-Finanzierungen in Deutschland umfassen private Nachrangdarlehen, Stille Beteiligungen (typisch oder atypisch), Genussscheine, Wandel-/Optionsanleihen und High-Yield Bonds.

-   *Nachrangdarlehen*: Darlehen, die durch eine vertragliche Nachrangigkeit gegenüber dem erstrangigen Fremdkapital gekennzeichnet sind, stellen die klassische Form des Mezzanine dar (Sub-ordinated Debt oder Junior Debt). Die Verzinsung liegt aufgrund der Nachrangigkeit über derjenigen der Senior Debt Tranchen. Allerdings sind neben der festen kumulierenden Verzinsung üblicherweise keine weiteren Vergütungskomponenten enthalten. Unter Umständen kann im Tausch gegen eine geringere Verzinsung auch ein Equity Kicker vereinbart werden, der dem Darlehensgeber die Möglichkeit einräumt, am Gewinn des Unternehmens zu partizipieren. Diese Form des Nachrangdarlehens würde dem Eigenkapital näher kommen.

- *Typische stille Beteiligung*: Eine für Deutschland typische mezzanine Finanzierungsform ist die stille Beteiligung (stille Gesellschaft), die entweder in typischer oder
atypischer Form begeben werden kann. Im Gegensatz zu anderen Finanzierungsformen ist die stille Beteiligung als eigene Gesellschaftsform gesetzlich geregelt
(§§ 230ff. HGB). Die typische stille Beteiligung ist dem Fremdkapital verwandt, da
regelmäßig eine feste laufende Vergütung vereinbart wird, die wie Darlehenszinsen
steuerlich abzugsfähig sind. Darüber hinaus partizipiert der stille Gesellschafter an den
Gewinnen und Verlusten, wobei Letzteres auch vertraglich ausgeschlossen werden
kann. An weitergehenden Rechten stehen dem Gesellschafter nur einige Kontroll- und
Informationsrechte zu. Insbesondere über Mitbestimmungsrechte verfügt er nicht.

- *Atypische stille Beteiligung*: Im Gegensatz zur typischen steht bei der atypischen Beteiligung die Übernahme eines unternehmerischen Risikos im Vordergrund. Eine
Partizipation an Verlusten der Gesellschaft kann rechtlich nicht ausgeschlossen
werden. Im Gegenzug muss dem stillen Gesellschafter eine Teilhabe an den während
der Haltedauer geschaffenen stillen Reserven des Unternehmens eingeräumt werden.
Der Gesellschafter erhält umfassende Mitbestimmungsrechte, die im Einzelfall denen
eines Eigenkapitalgebers nahe kommen können. Entsprechend wird die atypische stille
Beteiligung regelmäßig als Eigenkapitalposition geführt.

- *Genussscheine*: Gesetzlich nicht geregelt, werden Genussscheine lediglich in § 221
Abs. 3 AktG begrifflich erwähnt. Sie verbriefen Rechte schuldrechtlicher Natur, deren
konkrete Ausgestaltung durch die Genussrechtsbedingungen bestimmt wird. Ähnlich
der stillen Beteiligung können auch Genussscheine eher Fremd- oder Eigenkapital-
charakter besitzen. Die Vereinbarung einer nicht erfolgsabhängigen Mindestver-
zinsung charakterisiert im Allgemeinen einen Genussschein mit Fremdkapital-
charakter, während eine Beteiligung am Gewinn und Liquidationserlös einen Eigen-
kapitalcharakter unterstreicht.

- *Wandel-/Optionsanleihen*: Öffentlich gehandelte Anleihen, die ein Wandel- oder
Optionsrecht beinhalten, werden ebenfalls unter Mezzanine-Kapital subsumiert. Einer
niedrigen Verzinsung der Anleihen steht ein Equity Kicker gegenüber, der den Inhaber
am Wertzuwachs des Unternehmens teilhaben lässt. Die Wandelanleihe verbrieft das
Recht, die Anleihe zu einem festgelegten Umtauschverhältnis in Eigenkapital zu
wandeln. Der schuldrechtliche Anspruch geht dabei unter. Dagegen sind bei der
Optionsanleihe der schuldrechtliche und der gesellschaftsrechtliche Anspruch getrennt. Die Option räumt dem Inhaber das Recht ein, zu festgelegten Bedingungen
Eigenkapital zu erwerben. Die Ansprüche aus der Anleihe bleiben davon unberührt.

- *High-Yield Bonds*: Hochverzinsliche Anleihen, umgangssprachlich auch Junk-Bonds genannt, sind öffentlich notierte nachrangige Anleihen mit einem spekulativen Rating (Sub-Investment Grade oder auch High-Yield-Segment). Aufgrund der Nachrangigkeit weisen diese Anleihen eine höhere laufende Verzinsung auf. Im Gegensatz zum privaten Nachrangdarlehen können jedoch keine weiteren Vergütungskomponenten integriert werden. Analog zu den Wandel-/Optionsanleihen führt die öffentliche Notierung zu erheblichen Vorlaufkosten. Hierunter sind insbesondere die Kosten der Road Shows, Prospekterstellung und des Ratingprozesses zu nennen.

Abbildung 13 zeigt zusammenfassend die verschiedenen Finanzierungsinstrumente und die unterschiedlichen Abgrenzungskriterien.

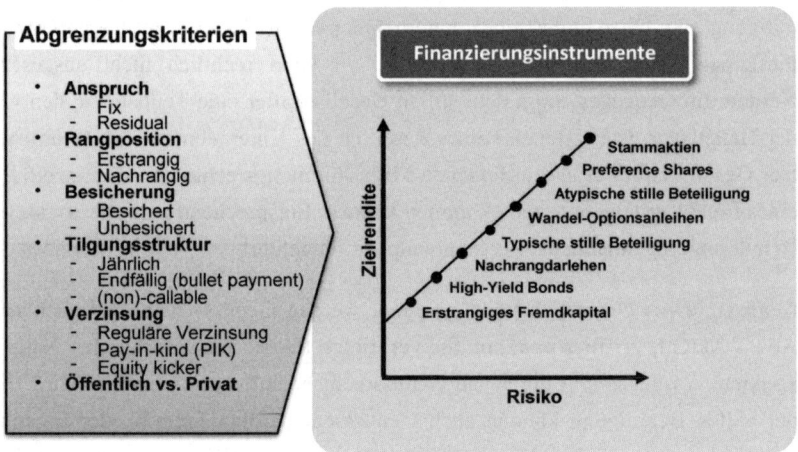

Abbildung 13:   Arten von Finanzierungsinstrumenten und die Kriterien zur Abgrenzung

5.1.3.3   Erstrangiges Fremdkapital (Senior Debt)

Als erstrangiges Fremdkapital oder Senior Debt werden Darlehen bezeichnet, die im Rahmen der Akquisitionsfinanzierung zur Verfügung gestellt werden und im Insolvenzfall erstrangig bedient werden. Ihr schuldrechtlicher Charakter verbrieft einen unbedingten Anspruch auf Rückzahlung des Darlehens sowie Vergütung für die Kapitalüberlassung in Form von Zinsen. Grundsätzlich können drei Formen des Senior Debt unterschieden werden: Senior Term Notes, Bridge Loans und Working Capital Facilities. Im Insolvenzfall nehmen alle drei Formen den gleichen Rang ein. Heutzutage beträgt der Anteil an erstrangigem Fremdkapital in den meisten größeren Buy-outs 50 – 60 %.

- *Senior Term Notes* bezeichnen den Hauptbestandteil des Akquisitionsdarlehens. Die Bezeichnung Term bezieht sich auf die Zweckbindung zur ausschließlichen Finanzierung des Kaufpreises. Die Höhe der Senior Term Notes ist auf die Struktur der zukünftigen Cashflows abgestellt. Als Besicherung stehen im Regelfall lediglich die Anteile an der NewCo. zur Verfügung. Unter Umständen können auch einzelne Vermögensgegenstände zur Besicherung herangezogen werden, wenn diese nicht für Darlehen der operativen Gesellschaften durch andere Banken bereits besichert sind (Asset-based Loans). Es sind auch Strukturen denkbar, bei denen das Senior Debt teilweise direkt auf Ebene der operativen Gesellschaften bereitgestellt werden. Dies kann sich in besseren Zinskonditionen und einer geringeren steuerlichen Belastung niederschlagen.

In einer typischen Strukturierung eines LBO wird das Senior Debt in drei Tranchen bereitgestellt. Die sogenannte Senior A Tranche hat meistens eine Laufzeit von fünf bis sieben Jahren und die Zins- bzw. Tilgungsleistungen sind jährlich zu erbringen. Senior B Tranchen haben eine längere Laufzeit von sieben bis acht Jahren und werden endfällig zurückgezahlt (Bullet Payment). Sie werden erst amortisiert, wenn die Senior A Tranche vollständig zurückgezahlt wird. Diese Vereinbarung resultiert in einer höheren Verzinsung der Senior B Tranche. Während diese gegenwärtig mit einem Aufschlag von etwa 250 Basispunkten auf den EURIBOR verzinst sind, tragen Senior A Tranchen einen Aufschlag von ca. 200 Basispunkten. Schließlich wird noch eine Senior C Tranche in die Struktur eingebracht, die wiederum eine längere Laufzeit von acht bis neun Jahren hat und mit zurzeit 300 Basispunkten über EURIBOR entsprechend höher verzinst wird. Für den Fall, dass das Unternehmen noch Besicherungspotenzial aufweist, wird dieses im Allgemeinen den Senior A Tranchen zugeordnet, weshalb die Tranche auch häufig als Secured Senior Debt bezeichnet wird, während B und C Tranchen fast immer Unsecured Senior Debt ist. In großen Buy-outs werden zusätzlich noch weitere Tranchen (D, E, F ...) integriert, um eine optimale Risk-/Return-Allokation zu erreichen.

- *Bridge Loans* dienen der Überbrückung einer Finanzierungslücke, bis diese durch ein anderes Instrument geschlossen wird. Häufig kommt diese Konstruktion zum Tragen, wenn öffentliche Anleihen (z. B. High-Yield Bonds) platziert werden sollen, aber der Prozess zum Zeitpunkt der Akquisition noch nicht abgeschlossen ist. Man unterscheidet hier echte befristete Bridge Loans und sogenannte Bought Deals, die für den Fall einer Nichtplatzierbarkeit der Transaktion am Kapitalmarkt eine erste Überbrückungsfinanzierung ablösen. In Sonderfällen können Bridge Loans auch von vornherein als unbefristet definiert werden. Bridge Loans können auch dazu verwendet werden, vorhandene liquide Mittel auszulösen, die sich der Verkäufer abgelten lässt. Außerdem werden zum Teil nicht betriebsnotwendige Vermögenswerte durch Bridge Loans finanziert, da sie ohnehin nach relativ kurzer Zeit veräußert und deshalb nicht durch klassische Term Loans finanziert werden sollten.

- *Working Capital Facility* bezeichnet eine im Rahmen der Finanzierung eingeräumte Kreditlinie, die das laufende Geschäft des Unternehmens ermöglicht. Da die bestehende Hausbank bei einem Eigentümerwechsel meist von ihrem außerordentlichen Kündigungsrecht Gebrauch macht, muss dieser Teil der Finanzierung auch von den Akquisitionsbanken übernommen werden. Häufig wird zur Besicherung dieser Linie das kurzfristige Umlaufvermögen (insbesondere Forderungen und Lagerbestände) herangezogen. Wenngleich ein derartiger Kredit wie jeder andere Kontokorrentkredit einen kurzfristigen Charakter hat, wird die Linie doch immer für die voraussichtliche Laufzeit der Beteiligung zugesichert.

Aus Sicht der Bank stellen bindende Zusicherungen im Finanzierungsvertrag (Covenants) wichtige Regelungen zwischen den Finanzierungspartnern dar, durch die das Risiko der Banken verringert werden kann. Financial Covenants legen verschiedene Parameter fest, anhand derer die Kreditwürdigkeit eines Unternehmens fortlaufend gemessen werden kann. Hierzu zählt z. B. der Cashflow-Deckungsgrad, der das Verhältnis des freien Cashflow zur geplanten Zins- und Tilgungsleistung bezeichnet. Ebenso werden Grenzwerte für die Zinsdeckung definiert. Diese bezeichnet den konsolidierten EBITDA zu den konsolidierten Zinsaufwendungen. Non-financial Covenants bestimmen z. B. die Nutzung von freiem Cashflow zu außerordentlichen Tilgungsleistungen (Cash Sweep) oder die Begrenzung von Investitionen (Capex Limit). Auch die sogenannte Negativklausel, die dem Kreditnehmer untersagt, die Vermögenswerte zum Zwecke der Besicherung anderer Darlehen einzusetzen, wird üblicherweise verwendet. Je nach Art der Transaktion können weitere Covenants eingesetzt werden.

5.1.4 Weiter Instrumente der Buy-out-Finanzierung

In Ergänzung zu der Aufteilung der Kapitalstruktur auf die drei Kapitalarten bieten sich dem Finanzinvestor weitere Möglichkeiten zur Gestaltung der Finanzierung. Im Folgenden werden vier Arten von Instrumenten vorgestellt: das Verkäuferdarlehen, der Besserungsschein, Strip-Finanzierungen und die Syndizierung.

- *Verkäuferdarlehen*: Insbesondere bei großen Transaktionen können Verkäuferdarlehen (Seller's Note) zum Einsatz kommen. Hierunter versteht man die (bedingte) Stundung des Kaufpreises. Die Ausgestaltung kann variieren. Beim unbedingten Darlehen wird der Kaufpreis durch den Verkäufer gestundet, wofür dieser im Gegenzug eine am

Senior Debt angelehnte Verzinsung erhält. Die bedingte Stundung knüpft die Rückzahlung bzw. die volle Zahlung des Kaufpreises an die Entwicklung gewisser Leistungsindikatoren. Hierdurch wird das Vertrauen des Verkäufers in die langfristige Entwicklung des Unternehmens sichergestellt.

- *Besserungsschein*: Ein dem bedingten Verkäuferdarlehen fast identisches Instrument ist der Besserungsschein (Earn-out). Auch hier wird die volle Kaufpreiszahlung an bestimmte Kennzahlen geknüpft, durch die eine mittel- bis langfristige Bindung des Verkäufers an das Unternehmen gewährleistet wird.

- *Strip-Finanzierung*: Ein weiteres Instrument ist das Arrangement von Strip-Finanzierungen. Hierunter wird die gleichmäßige Aufteilung von Eigen-, Fremd- und Mezzanine-Kapitaltranchen (Strips) auf einen oder mehrere Investoren verstanden. Damit versuchte man, die inhärenten Interessenkonflikte in einer Insolvenz oder in Antizipation einer Insolvenz zu vermeiden. Diese Art der Finanzierung ist in den 1990er Jahren weitgehend unberücksichtigt geblieben, da es sich zeigte, dass sich in einer Krisensituation doch einzelne Investoren durchsetzen. Dagegen sind in jüngerer Vergangenheit insbesondere Private Equity-Fonds wieder dazu übergegangen, sich mit zusätzlichen Mezzanine-Tranchen bei Finanzierungen zu engagieren.

- *Syndizierung*: Es kann für Finanzinvestoren aus mehreren Gründen angebracht sein, ihren Eigenkapitalanteil auf mehrere Investoren aufzuteilen. Diese Syndizierung einer Beteiligung wird insbesondere notwendig, wenn der Eigenkapitalanteil für einen Investor zu groß ist. Außerdem können auch Gründe der Risikodiversifikation eine Syndizierung sinnvoll erscheinen lassen, da Finanzinvestoren auf diese Weise die Bildung von Klumpenrisiken vermeiden. Schließlich kann auch komplementäres Wissen oder ein besserer Zugang zu neuen Transaktionen die Kooperation mit anderen Investoren nahelegen.

5.2 Rechtliche Strukturierung

Neben der finanziellen ist die rechtliche Strukturierung die zweite Säule der Transaktionsstruktur eines Buy-outs. Ihre Inhalte und Determinanten sind in hohem Maße interdependent. Im Wesentlichen erfolgt auch die Strukturierung zeitgleich bzw. werden einzelne Schritte Zug-um-Zug durchgeführt. Zum Teil werden einzelne Schritte anderer Phasen durch die Ergebnisse der finanziellen und rechtlichen Strukturierung bestimmt (z. B. Unternehmensbewertung).

Zum Verständnis der rechtlichen Strukturierung sind drei Aspekte vorzustellen: Ziele der Beteiligten, Formen des Unternehmenskaufs und steuerliche Parameter eines Buy-outs.

5.2.1 Ziele der Beteiligten

In der rechtlichen Strukturierung sind die zum Teil gegenläufigen Interessen der Beteiligten zu berücksichtigen. Welche Interessen durch die Struktur schließlich überwiegend berücksichtigt werden, hängt vorwiegend von der Verhandlungsposition ab. Die rechtliche Strukturierung hat die Ziele beider Seiten zu berücksichtigen. Diese werden maßgeblich durch steuer- und haftungsrechtliche Inhalte beeinflusst. Während die Haftung beider Seiten gut zu regulieren ist, stellt die steuerliche Komponente einen sehr komplexen Sachverhalt dar. Mit der Steuerreform von 2001 hat sich die Komplexität nur unwesentlich verringert. Angesichts der Bedeutung der steuerlichen Rahmenbedingungen wird in Abschnitt 5.2.3 detailliert darauf eingegangen.

Die Ziele des Verkäufers können in zwei Kategorien zusammengefasst werden: Steuerneutralität und Verringerung von Haftungsrisiken. Der Verkäufer wählt eine Form des Unternehmenskaufs, die eine möglichst geringe Steuerbelastung des Veräußerungserlöses zur Folge hat. Gleichzeitig präferiert der Verkäufer die Freistellung von einer Haftung für vergangene Geschäfte und Qualitätsmängel des Unternehmens. Während dem Ziel der Steuerneutralität durch eine geeignete Struktur des Buy-outs Rechnung getragen wird, kann die Verringerung durch Haftungsrisiken weitgehend über Garantie- und Freistellungsregelungen zwischen den am Kauf beteiligten Parteien geregelt werden.

Insbesondere auf steuerlicher Seite werden die Ziele des Käufers durch eine größere Vielfalt an Einzelaspekten bestimmt. An erster Stelle steht die Abzugsfähigkeit des Zinsaufwandes, der durch die Steuerreform 2001 erheblich erschwert wurde. Des Weiteren strebt der Erwerber danach, den Kaufpreis für das Unternehmen in Abschreibungsvolumen umzuwandeln und steuerlich nutzbar zu machen. Zusätzlich ist dem Erwerber daran gelegen, sowohl das gegebenenfalls noch auf bereits versteuerten Rücklagen lastende Körperschaftsteuerguthaben zu mobilisieren als auch zukünftige Gewinne der erworbenen Gesellschaft in Gestalt von Dividenden steuergünstig zu vereinnahmen. Die Nutzung von Verlustvorträgen der Zielgesellschaft, wie sie regelmäßig bei klassischen Unternehmensakquisitionen von Interesse ist, spielt hingegen bei Buy-outs keine Rolle, da durch Verlustvorträge belastete Unternehmen im Allgemeinen nicht als ideale Buy-out-Kandidaten in Frage kommen.

Eine wichtige Rolle spielt auch das nutzbare Besicherungspotenzial des Zielunternehmens. Ein hoher Anteil besicherbaren Vermögens erleichtert die Finanzierbarkeit eines Buy-outs und führt unter Umständen zu niedrigeren Finanzierungskosten.

Schließlich versucht auch der Erwerber, die mit dem Unternehmenskauf übernommenen Risiken zu minimieren. Dazu dient die Bestimmung des Haftungspotenzials durch die Prüfung auf Mängelfreiheit im Rahmen der Due Diligence, da Transaktionen der Grundsatz

„gekauft wie gesehen" zugrunde liegt. Haftungsrisiken können sich auch Kraft zwingenden Rechts ergeben, da der Erwerber als Rechtsnachfolger alle Pflichten übernimmt, die aus den vertraglichen Vereinbarungen des Unternehmens entstehen.

5.2.2 Formen des Unternehmenskaufs

Der Begriff des Unternehmens ist rechtlich nicht definiert. Stattdessen ist ein Unternehmen die Gesamtheit von Sachen, Rechten, Vertragspositionen etc. Wird ein Unternehmen veräußert, muss all dies erfasst werden. Dabei können zwei Grundtypen des Unternehmenskaufs unterschieden werden: der Share Deal und der Asset Deal. Um die Haftungssteuerung zwischen Management und Finanzinvestoren sowie die Besicherung der Akquisitionsdarlehen zu erleichtern, wird die Übernahme in beiden Fällen üblicherweise mithilfe einer extra gegründeten Erwerbergesellschaft durchgeführt. Diese wird mit dem notwendigen Kapital ausgestattet und erwirbt die Anteile oder Vermögensgegenstände an dem Zielunternehmen.

Von einem Share Deal spricht man, wenn das Unternehmen als Rechtsträger auf der Ebene der Gesellschafter durch die Übertragung der Beteiligungsrechte veräußert wird. Hingegen werden beim Asset Deal die Vermögensgegenstände des Unternehmens im Wege der Einzelrechtsnachfolge übertragen. Üblicherweise kommt ein Asset Deal in Betracht, wenn nur Teile des Unternehmens übernommen und auf andere Wege (z. B. Spaltung, Ausgliederung) verzichtet werden sollen. Primär hat die Unterscheidung Auswirkungen auf die steuerliche Belastung des Verkäufers und Käufers, die im nächsten Abschnitt dargestellt werden. Neben der höheren vertraglichen Komplexität eines Asset Deals sind Unterschiede auch in der Haftungsregelung zu sehen.

Beim Share Deal wird das Unternehmen als Ganzes, mit allen bekannten und unbekannten Verbindlichkeiten, erworben. Wenn hingegen, wie beim Asset Deal, die Vermögensgegenstände einzeln übertragen werden, können diese leichter auf Mängelfreiheit überprüft werden. Daher sind die Risiken beim Asset Deal als niedriger einzustufen. Entsprechend sollte beim Share Deal die Due Diligence sorgfältiger ausfallen, welches die vereinfachte vertragliche Gestaltung und schnellere wirtschaftliche Durchführung teilweise ausgleicht.

Im Vergleich zum Asset Deal ist beim Share Deal keine Liquidation der Zielgesellschaft nötig. Der Share Deal lässt die wirtschaftliche Existenz der Zielgesellschaft unberührt und bietet daher Kontinuitätsvorteile durch die Fortführung aller internen und externen vertraglichen Beziehungen.

Vorteile für den Käufer ergeben sich im Zuge des Asset Deals, da der Geschäftsbetrieb auf die Erwerbergesellschaft übergeht. Somit können die operativen Cashflows direkt zur Bedienung der Fremdverschuldung eingesetzt werden, ohne den Umweg der Dividendenaus-

schüttung zu gehen. Ein Nachteil für den Verkäufer sind die Liquidationskosten der Zielgesellschaft, die dieser üblicherweise tragen muss. Aus Sicht des Käufers ist hingegen die
aufwändige praktische Durchführung der Transaktion zu nennen. Nicht nur die detaillierte
rechtliche Ausgestaltung, sondern auch die eventuell nötige Zustimmungspflicht der Alt-
Gläubiger bei bestehenden Schulden trägt hierzu bei.

Abbildung 14 zeigt eine typische Struktur eines Buy-outs, der als Share oder Asset Deal
durchgeführt wird.

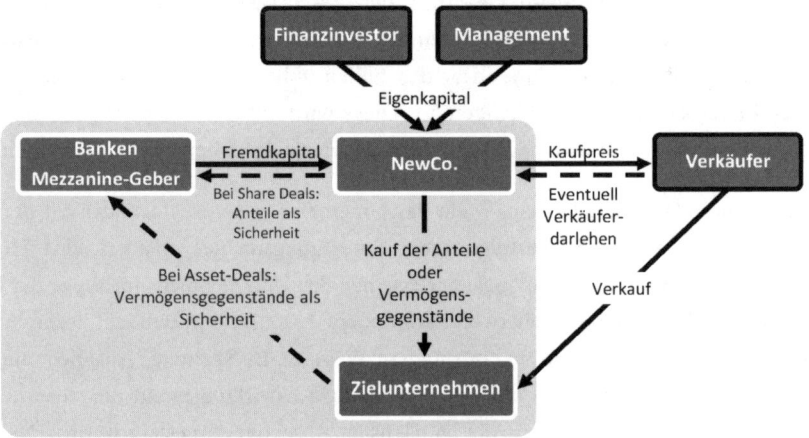

Abbildung 14:   Grundstruktur eines Buy-outs

In der Praxis werden Buy-outs üblicherweise als Kombination beider Formen vollzogen, insbesondere wenn mehrere Jurisdiktionen betroffen sind. So werden regelmäßig einzelne (aus-
ländische) Produktionsstätten in Form eines Asset Deals übertragen und die Hauptgesellschaft
in Form eines Share Deals.

5.2.3   Steuerliche Auswirkung

Die steuerliche Optimierung erweist sich als der vielleicht schwierigste Bereich der
Strukturierung eines Buy-outs. Im Folgenden werden die zentralen rechtlichen Regelungen
aus Sicht des Verkäufers wie des Käufers vorgestellt. Neben der Unterscheidung nach Käufer
und Verkäufer ist von Bedeutung, ob der Buy-out als Asset oder Share Deal durchgeführt
wird und welche Rechtsform die Beteiligten führen.

In Anbetracht der Komplexität sei für detaillierte Ausführungen auf die einschlägige Fach-
literatur verwiesen.

5.2.3.1 Verkäufersicht

Sofern im Fall eines Asset Deals der Verkäufer des Unternehmens ein Einzelunternehmer bzw. eine Personengesellschaft ist, unterliegt der (anteilige) Veräußerungsgewinn der persönlichen Einkommensteuer nach § 16 Abs. 1 EStG. Vereinfacht ausgedrückt ergibt sich der Veräußerungsgewinn aus dem Unterschiedsbetrag von Veräußerungserlös (abzüglich Veräußerungskosten) und Buchwert des Unternehmens. Unter der Bedingung, dass der Verkäufer das 55. Lebensjahr vollendet hat oder dauernd berufsunfähig ist, kommt gegebenenfalls der halbe Steuersatz und ein Veräußerungsfreibetrag zur Anwendung (§§ 16, 34 EStG). Falls ausschließlich natürliche Personen an der Personengesellschaft beteiligt sind, fällt nach § 7 Satz 2 GewStG keine Gewerbesteuer an.

Hat der Verkäufer die Rechtsform einer Kapitalgesellschaft, unterliegt der Veräußerungsgewinn einer Steuerbelastung von rund 40 %, bestehend aus 26,5 % Körperschaftsteuer und Gewerbesteuer mit Solidaritätszuschlag, deren Höhe vom Hebesatz abhängig ist. Bei Weiterausschüttung des Gewinns an eine natürliche Person unterliegt dieser zusätzlich dem Halbeinkünfteverfahren (§ 3 Nr. 40 Buchst. d) EStG). Bei Ausschüttung an Kapitalgesellschaften sind die Sonderdividenden hingegen steuerfrei (§ 8b Abs. 1 KStG). Zusätzlich ist in beiden Fällen eine 20 %ige Kapitalertragsteuer fällig, die jedoch beim Empfänger anrechenbar ist.

Beim Share Deal mit einer Personengesellschaft als Zielgesellschaft unterscheiden sich die steuerlichen Auswirkungen von denjenigen bei einer Kapitalgesellschaft. Deshalb wird eine Unterscheidung notwendig. Der Einfachheit halber wird nur der häufigste Fall des Erwerbs einer GmbH & Co. KG behandelt. Steuerlich wird die Veräußerung von Anteilen an einer Personengesellschaft durch eine natürliche Person oder eine Personengesellschaft wie ein Asset Deal behandelt, d. h. es kommen dieselben einkommensteuerrechtlichen Bestimmungen zu tragen. Lediglich bei einer doppelstöckigen Personengesellschaft (Ober- und Untergesellschaft) können Einschränkungen dieser Bestimmungen gelten. Eine Gewerbesteuerpflicht entsteht für eine natürliche Person bei Teilanteilsveräußerung oder bei Umwandlung einer Kapital- in eine Personengesellschaft, die nach Maßgabe des § 18 Abs. 4 UmwStG innerhalb der vorangegangenen fünf Jahre durchzuführen ist. Nur im ersten Fall kann die Gewerbesteuer angerechnet werden (§ 35 EStG). Da bei Veräußerung durch eine Personengesellschaft der Tatbestand einer doppelstöckigen Personengesellschaft erfüllt ist, unterliegt der Veräußerungsgewinn vollständig der Gewerbesteuer, der wiederum angerechnet werden kann, wenn der Gesellschafter eine natürliche Person ist.

Ist die Verkäufergesellschaft eine Kapitalgesellschaft, entsteht die gleiche Steuerpflicht wie bei einem Asset Deal. Allerdings gelten – zum Teil noch nicht vollständig geklärte – Regelungen bezüglich der körperschaftsteuerlichen Behandlung im Rahmen des Unternehmensteuerfortentwicklungsgesetzes (UnStFG) für den Fall, dass die Zielgesellschaft Anteile an Kapitalgesellschaften in ihrem Vermögen halten. Dies ist für Buy-outs regelmäßig von Bedeutung, da die Muttergesellschaft häufig Tochtergesellschaften in Form einer GmbH halten.

Erfolgt die Transaktion in Form eines Share Deals mit einer Kapitalgesellschaft als Zielgesellschaft ist wiederum zu unterscheiden, ob der Veräußerer eine natürliche Person/Personengesellschaft oder eine Kapitalgesellschaft ist. Eine Besteuerung des Veräußerungsgewinns nach dem Halbeinkünfteverfahren wird für eine natürliche Person/Personengesellschaft wirksam, falls die Beteiligung in den letzten fünf Jahren bei mindestens 1 % lag und/oder die Anteile innerhalb eines Jahres nach Anschaffung wieder veräußert werden (Spekulationsgeschäft). Werden die Veräußerungsgewinne im Betriebsvermögen einer Personengesellschaft realisiert, kann unter gewissen Bedingungen eine Steuerfreistellung erzielt werden.

Wird die Kapitalgesellschaft durch eine andere Kapitalgesellschaft veräußert, wird der Veräußerungsgewinn vollumfänglich von der Körperschaftsteuer (§ 8b Abs. 2 KStG) sowie unter Einschaltung einer Personengesellschaft von der Gewerbesteuer befreit. Es gibt jedoch einige Ausnahmetatbestände, die für die Steuerfreistellung schädlich sind. Diese zentrale Änderung im Rahmen der Steuerreform 2001 war ein wichtiger Impuls für den Buy-out-Markt, weil Konzerne und Finanzinstitutionen erstmals Beteiligungen steuerfrei veräußern konnten. Bei einem Spin-off Buy-out durch einen Konzern gelten einige Bestimmungen des UmwStG, die einer Steuerneutralität der Veräußerung entgegen stehen. So ist dem Veräußerer insbesondere anzuraten, die Historie des aufzuspaltenden Unternehmens zu verfolgen. Der Erwerber muss sich hingegen Garantien im Kaufvertrag einräumen lassen, die den steuerlichen Status des Zielunternehmens bestätigen, um im Fall eines Exits steuerliche Überraschungen zu vermeiden.

5.2.3.2   Käufersicht

Auch aus Käufersicht sind wieder drei Fälle zu unterscheiden: der Asset Deal sowie die beiden Arten des Share Deals. Da die Steuerreform maßgebliche Veränderungen für die Besteuerung bei Erwerb einer Kapitalgesellschaft mit sich gebracht hat, wird der Schwerpunkt der Ausführungen darauf liegen. Zum Abschluss werden verschiedene Modelle zur Umgehung der steuerlichen Verbote diskutiert.

-    Bei einem *Asset Deal* werden zunächst sämtliche übernommenen Vermögensgegenstände bilanziert, indem der Kaufpreis bis zur Höhe der jeweiligen Marktpreise auf die Vermögensgegenstände verteilt wird (Purchase Price Allocation). Ein möglicher Restbetrag wird als Firmenwert angesetzt. Übernimmt der Käufer Schulden, wird der Kaufpreis um den entsprechenden Betrag reduziert. Unter Umständen kann es sinnvoll sein, bestimmte Leistungen des Käufers dem Verkäufer gegenüber als Teil des Kaufpreises auszuweisen, die als Betriebsausgaben direkt abzugsfähig sind. Allgemein reduzieren alle kaufbezogenen Betriebskosten inklusive der Finanzierungskosten den zu versteuernden Gewinn. Hinsichtlich der Finanzierungskosten sind allerdings die Einschränkungen des § 8a KStG zu berücksichtigen. Im Hinblick auf die gewerbesteuerliche Veranlagung sind Zinsen auf Akquisitionsdarlehen als Dauerschuldzinsen i.S.d. § 8 Nr. 1 GewStG zu betrachten. Das impliziert, dass die Zinsen nur zur Hälfte bei der Gewerbesteuer in Abzug gebracht werden können. Wenn an der Erwerber-Gesellschaft eine natürliche Person beteiligt ist (z. B. das Management), kommt eine pauschale Gewerbesteueranrechnung (§ 35 EStG) sowie die Geltendmachung der Gewerbesteuer als Aufwand zum Tragen. Verlustvorträge können vom Erwerber nicht übernommen werden.

- Bei einem *Share Deal* mit einer Personengesellschaft als Zielgesellschaft stellt der Erwerb auch wieder ein dem Asset Deal verwandter Erwerb anteiliger Wirtschaftsgüter dar. In einer Ergänzungsbilanz wird der Wert der Vermögensgegenstände der Personengesellschaft aufgestockt. Auch die sonstigen kaufbezogenen Betriebskosten werden äquivalent dem Asset Deal behandelt. Aufgrund der erheblichen positiven Steuerwirkung durch die höheren Abschreibungen und der Absetzbarkeit der Finanzierungskosten stehen dem Unternehmen höhere Cashflows zur Verfügung. Solche Unternehmen haben damit regelmäßig eine höhere Debt Capacity als reine Share Deals mit Kapitalgesellschaften als Zielgesellschaft.

Die Steuerreform 2001 hat für Erwerber im Rahmen eines Share Deals mit einer Kapitalgesellschaft erhebliche Nachteile mit sich gebracht. Gleichwohl bestand auch schon vorher der gravierende Unterschied zu den vorgenannten Fällen darin, dass mit dem Erwerb der Anteile an der Kapitalgesellschaft der Kaufpreis steuermindernd nicht angesetzt werden kann, da es sich um nicht-abnutzbare Wirtschaftsgüter handelt.

Von besonderer Bedeutung ist die nach § 3c EStG veränderte Absetzbarkeit der Finanzierungskosten. Hier sind zwei Fälle zu unterscheiden: erstens der Erwerb durch eine NewCo. in der Form einer Personengesellschaft, an der eine natürliche Person beteiligt ist, und zweitens der Erwerb, wenn die NewCo. als Kapitalgesellschaft firmiert. Im ersten Fall gestattet der § 3c EStG noch die hälftige Anrechenbarkeit (Abs. 2) während die Anrechenbarkeit im zweiten Fall gänzlich ausgeschlossen ist (Abs. 1). Zu beachten ist allerdings, dass das Abzugsverbot bei einer Kapitalgesellschaft auf Erwerberseite nur besteht, wenn die Zielgesellschaft Gewinne an die NewCo. ausschüttet.

5.2.3.3   Vermeidung des Abzugsverbotes der Finanzierungskosten

Wenngleich sich die vollständige Abzugsfähigkeit der Darlehenszinsen durch einen Verzicht auf die Gewinnausschüttung herstellen ließe (nach der sogenannten Ballooning-Methode), ist diese Alternative aufgrund mangelnder Finanzierbarkeit nicht realisierbar, da Banken Darlehen nur unter Rückgriff auf die Gewinne der Zielgesellschaft gewähren. Auch die Einschaltung einer Zwischenholding würde dieses Problem nicht umgehen.

Als wirksamstes Modell wird allgemein die Bildung einer körperschaft- und gewerbesteuerlichen Organschaft nach §§ 14ff. KStG angesehen. Hierzu ist die finanzielle Eingliederung des Zielunternehmens in die NewCo. erforderlich. Dies wird durch die Stimmenmehrheit und den Abschluss eines Gewinnabführungsvertrages für fünf Jahre erzielt (§ 14 Abs. 1 Nr. 1 KStG).

5.2.3.4   Vermeidung der fehlenden Abschreibungsmöglichkeit

Durch die Steuerreform ist die Erzielung einer Aufstockung der Buchwerte (Step-up) erheblich erschwert worden. Frühere Modelle (Kombinations-, Mitunternehmer- und Umwandlungsmodell) gelten weithin als nicht mehr praktikabel. Dennoch lässt sich nach wie vor unter Inkaufnahme einer definitiven, später nicht mehr zu neutralisierenden Steuerbelastung auf Erwerberseite der gewünschte Step-up-Effekt mit dem Kombinations- und Mitunternehmermodell erzielen. Sofern der Erwerber die antizipierte Gesamtsteuerbelastung in einem Kaufpreisabschlag berücksichtigen kann, stellen diese Modelle die verlässlichsten Übernahme-Modelle dar. Neuen Modellen (z. B. Downstream- und Upstream-Merger-Modell, Verlustvortrags-Modell, Verkäufer-Umwandlungsmodell etc.) mangelt es noch an gestalterischer Verlässlichkeit. Um einem möglichen Gestaltungsmissbrauch nach § 42 AO zu vermeiden, sind auf diesen Modellen basierende Strukturen vorab mit den Steuerbehörden abzustimmen. Dennoch ist vor allem dem Upstream-Merger-Modell zukünftig ein besonderes Augenmerk zu widmen, da es einen eleganten Weg darstellt, den Kapitalerhaltungsvorschriften für die GmbH zu begegnen.

Eine steuerneutrale Veräußerung auf Verkäuferseite mit einer steuermindernden Step-up-Kaufstruktur kann nicht erreicht werden. Die stillen Reserven eines Unternehmens werden in jedem Fall mindestens einmal versteuert. Die Steuerreform hat dazu geführt, dass die steuerlichen Belastungen vom Verkäufer tendenziell auf den Käufer übergegangen sind. Während aus steuerlicher Sicht im Allgemeinen der Asset Deal für den Käufer vorteilhafter ist, wird der Verkäufer eher einen Share Deal bevorzugen. Als Verhandlungsmasse wird für beide Seiten der Kaufpreis sein, der steuerliche Benachteiligungen antizipiert und damit ein regulatives

Element für die Steuerstruktur darstellt. Daher eine optimale Steuerstruktur nur dann entwickelt werden, wenn der Kaufpreis in die Beurteilung einbezogen wird.

5.3 Vertragsabschluss

Die Vielzahl der Erkenntnisse aus der Due Diligence- und Strukturierungsphase fließen im Kaufvertrag zusammen. Dieser Vertrag regelt den faktischen Eigentumsübergang an den Vermögensgegenständen bzw. dem Unternehmen. Allerdings liegt zwischen Abschluss des Kaufvertrages und dem tatsächlichen Eigentumsübergang (Closing) eine gewisse Zeitspanne, in der alle fehlenden Kaufdokumente zusammen getragen werden und dem Käufer an einem Ort zugänglich gemacht werden. In der Zwischenzeit trägt der Käufer das Risiko von negativen Einflüssen auf die Werthaltigkeit des Unternehmens. Aus diesem Grunde wird dem Verkäufer untersagt oder nur mit Zustimmung des Käufers eingeräumt, Aktivitäten außerhalb des ordentlichen Geschäftsbetriebs durchzuführen. Der zuvor besprochene Besserungsschein ist ein probates Mittel, Veränderungen des Unternehmens in der Zwischenzeit im Kaufpreis zu reflektieren.

Im Kaufvertrag wird auch der endgültige Kaufpreis festgelegt, dessen Höhe nicht nur von den Ergebnissen der Vorarbeiten abhängt, sondern regelmäßig im Rahmen abschließender Verhandlungen angepasst wird. Grundlage ist die im Managementplan antizipierte Unternehmensentwicklung. Bei der Bewertung entstehen häufig Differenzen, da nicht trennscharf separiert werden kann, welchen Anteil Maßnahmen des Finanzinvestors und welchen Anteil die operative Geschäftsentwicklung des bestehenden Unternehmens an der zukünftigen Unternehmensentwicklung haben.

Neben der Argumentation hinsichtlich der Verteilung des Wertzuwachses können noch einige andere Faktoren die Differenz zwischen Einstiegs- und Ausstiegs-Multiplikator beeinflussen (zu den Begriffen vgl. S. 71). Diese lassen sich unter dem Begriff Financial Arbitrage zusammenfassen:

- *Änderungen des Kapitalmarktumfeldes*: Ohne dass sich die Ertragskraft eines Unternehmens verändert, können Verbesserungen des Marktumfeldes eine Erhöhung des durchschnittlichen Bewertungsmultiplikators bewirken.

- *Private Information des Investors*: Beim Exit kann der Finanzinvestor sein gewonnenes Wissen gegenüber Käufern einsetzen, die durchschnittliche Bewertung des Unternehmens zu erhöhen (Window Dressing).

- *Industriekenntnisse*: Die Erfahrung aus früheren Transaktionen und das Netzwerk können dem Finanzinvestor einen guten Informationsstand über das Zielunternehmen, die Branche und andere relevante Details der Transaktion verschaffen. Ein guter Informationsstand stärkt die Verhandlungsposition des Investors und führt zu einer niedrigeren Einstiegsbewertung.

- *Finanztransaktionserfahrung*: Finanzinvestoren zeichnen sich durch ein außergewöhnlich hohes Maß an Erfahrung in der Strukturierung und Durchführung von Finanztransaktionen aus. Dies kann die Verhandlungen und Prozesse gegenüber einem eher unerfahrenen Verkäufer erleichtern. Beispielsweise kann die Wettbewerbsintensität durch Kooperationen mit anderen Investoren verringert werden und erlaubt damit eine niedrigere Bewertung.

- *Conglomerate Discount*: Große, breit diversifizierte Unternehmen werden bei Bewertungen häufig durch Abschläge bestraft, wenn die Komplexitätskosten den Nutzen der Risikodiversifikation überwiegen. Nur der Verkauf einzelner Unternehmensbereiche kann dazu führen, dass beim Exit höhere Multiplikatoren zu erzielen sind.

Wege der gegenseitigen Annäherung in Vertragsverhandlungen können vielfältig sein. In erster Linie kann die Steuerung der gegenseitigen Interessen bei der Strukturierung ein Ausgleichsventil für divergierende Preisvorstellungen sein. Gleichermaßen können auch sonstige Instrumente der Finanzierung (vor allem Besserungsschein und Verkäuferdarlehen) ein Regulativ in den abschließenden Kaufpreisverhandlungen darstellen.

5.4 Erfolgsfaktoren

Die Strukturierung der Transaktion stellt einen zentralen Bestandteil eines Buy-outs dar. Wenngleich die Zeiten vorbei sind, in denen durch eine geschickte Strukturierung dem Finanzinvestor ein Wertgewinn zufließt, ist sie noch der Hauptfaktor bei der Vermeidung eines Misserfolgs. Ein unzureichend strukturierter guter Buy-out wird im Allgemeinen als gefährdeter angesehen als ein optimal strukturierter schlechter Buy-out. Insbesondere die Minimierung des finanziellen Risikos, die Anreizwirkung des Fremdkapitals sowie die Financial Covenants sichern eine Transaktion maßgeblich ab.

Der Entwicklung einer optimalen steuerlichen Ausgestaltung wird viel Raum bei der Durchführung eines Buy-outs eingeräumt, da Buy-out-Unternehmen üblicherweise solide Gewinne erzielen und in der Reduktion der Steuerlast ein wichtiger Werttreiber gesehen wird. Zwei Faktoren stehen hier im Fokus der Bemühungen: die Verteilung der finanziellen Ressourcen im Unternehmen und der Einbezug von Steuersparmaßnahmen (Tax Shelter). Erstere bezieht darauf, welche Gesellschaften Darlehen aufnehmen, Gewinne ausschütten und an welche Gesellschaften die Mittel weitergereicht werden. Der zweite Punkt betrifft die Einschaltung von Zwischenholdings in Niedrigsteuer-Ländern (z. B. Luxemburg).

Die Einflussfaktoren für eine optimale finanzielle und rechtliche Strukturierung sind in weiten Teilen deckungsgleich mit denen einer Due Diligence, wenngleich beide Schritte inhaltlich unterschiedlich sind.

- *Koordination*: An erster Stelle steht die Koordination des Prozesses und der Beteiligten, da die finanzielle und rechtliche Strukturierung interdependente Schritte sind. Reibungsverluste im Prozess können schnell zu erheblichen Verzögerungen führen.

- *Erfahrung*: Auch bei der Strukturierung spielt Erfahrung eine große Rolle, insbesondere wenn mit den beteiligten Banken und Anwälten bereits mehrfach zusammengearbeitet wurde. Dies ermöglicht, frühzeitig Problemfelder zu identifizieren und erleichtert eine bestehende Vertrauensbasis die Durchführung des Prozesses.

- *Steuerkenntnisse:* Auch wenn die Ausarbeitung der vertraglichen Vereinbarungen bei den Anwälten liegt, ist ein Verständnis für maßgebliche Bestimmungen und aktuelle Änderungen in der Gesetzgebung unumgänglich. Gerade bei großen Transaktionen, die durch verschachtelte Steuerkonstruktionen geprägt sind, kann jedoch auf professionelle Unterstützung nicht verzichtet werden.

Literaturhinweise

ACHLEITNER, A.-K./EINEM, C.V./SCHRÖDER, B.V. (2004): Private Debt – alternative Finanzierung für den Mittelstand, Schäffer-Poeschel, Stuttgart 2004.

ARZAC, E.R. (1992): On the Capital Structure of Leveraged Buy-outs, in: Financial Management, Spring 1992, S. 16–26.

BACKHAUS, K./WERTHSCHULTE, H. (2003): Projektfinanzierung – wirtschaftliche und rechtliche Aspekte einer Finanzierungsmethode für Großprojekte, Stuttgart 2003.

BARTHOLD, B. (2000): Mezzanine-Finanzierung von Unternehmensübernahmen und Jungunternehmen, in: Schweizerische Zeitschrift für Wirtschaftsrecht, 5/2000, S. 224–237.

BÖHME, A. (2004): Kapitalschutz und die Bestellung von Sicherheiten beim Leveraged Buyout in der englischen und deutschen Rechtspraxis, Diss., Berlin 2004.

DIEM, A. (2005): Akquisitionsfinanzierungen – Kredite für Unternehmenskäufe, München 2005.

DRILL, M./BÖHMERT, S. (2003): Akquisitionsfinanzierung im Mittelstand, in: ConVent GmbH (Ed.): M&A-Jahrbuch 2003, S. 115–118.

GOLLAND, F. (2003): Erfolgsfaktoren für eine strukturierte Finanzierung, in: ConVent GmbH (Ed.): M&A-Jahrbuch 2003, S. 84–86.

KAPLAN, S./STEIN, J. (1993): The Evolution of Buy-out Pricing and Financial Structures in the 1980s, in: Quarterly Journal of Economics, May 1993, S. 313–357.

KPMG (2003): KPMG Leveraged Finance Studie 2003 – Eine Bestandsaufnahme des deutschen Fremdkapitalmarktes für Buy-out- und strukturierte Übernahmefinanzierungen, Frankfurt a. M. 2003.

LAJOUX, A.R./WESTON, J.F. (1999): The Art of M&A Financing and Refinancing – a Guide to Sources and Instruments for External Growth, New York 1999.

SCHAUMBURG, H. (2004): Unternehmenskauf im Steuerrecht, Schäffer-Poeschel, Stuttgart 2004.

WEITNAUER, W. (2003): Management Buy-Outs – Handbuch für Recht und Praxis, München 2003.

WOLF, B./HILL, M./PFAUE, M. (2003): Strukturierte Finanzierungen, Schäffer-Poeschel, Stuttgart 2003.

6 Postinvestmentphase

Private Equity ist eine Finanzierungsform, die Unternehmen sogenanntes intelligentes Eigen-kapital (Smart Money) zur Verfügung stellt sowie Finanzierungs- und Unterstützungsfunktion kombiniert. Nach abgeschlossener Finanzierung rückt in der Postinvestmentphase die Unter-stützung in den Vordergrund: Durch das Private Equity-Investment wurden dem Portfolio-unternehmen neue Finanzierungsmittel für weiteres Wachstum zur Verfügung gestellt. Im Rahmen der Postinvestmentphase gilt es nun, dieses Wachstum zu gestalten.

Im Rahmen der Postinvestmentphase üben Private Equity-Gesellschaften unterschiedliche Funktionen aus. Diese werden zusammenfassend in Abbildung 15 dargestellt und im Folgenden überblicksartig dargestellt. Eine vertiefende Betrachtung der einzelnen Funktionen folgt in den Unterabschnitten.

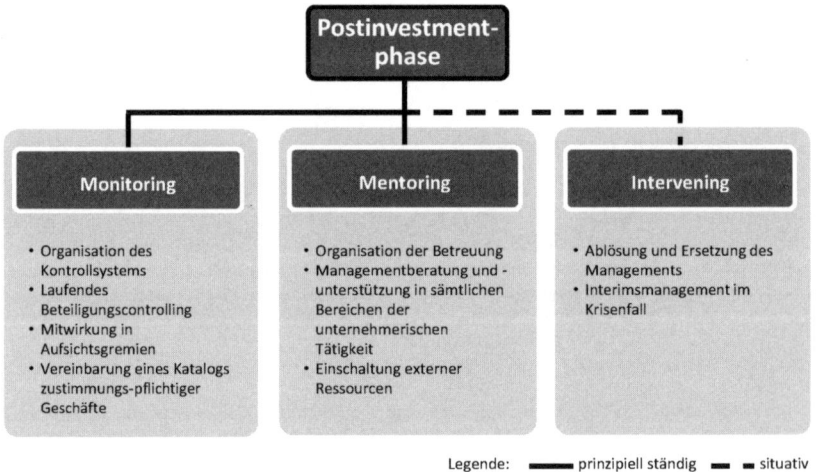

Abbildung 15: Funktionen einer Private Equity-Gesellschaft während der Postinvestmentphase

Zunächst einmal überwachen Private Equity-Gesellschaften – wie andere Investoren ebenfalls – die laufende Performance des Investments. Dazu hat sich der Private Equity-Fonds im Be-teiligungsvertrag umfangreiche Informations- und Kontrollrechte einräumen lassen. Die vom Management des Portfoliounternehmens periodisch zur Verfügung gestellten Informationen werden ausgewertet und anhand von Drittquellen validiert. Die Private Equity-Gesellschaft übernimmt quasi die Rolle eines externen Controllings des Portfoliounternehmens. Zudem treibt die Private Equity-Gesellschaft die Anpassung und Organisation des internen Kontroll-systems des Portfoliounternehmens voran. Die Private Equity-Gesellschaft stellt sicher, in wichtige Unternehmensentscheidungen mit weitreichenden Folgen für das Unternehmen involviert zu sein. Dazu werden im Beteiligungsvertrag Art und Umfang der Kooperation in Bezug auf Mitentscheidungsrechte festgelegt, häufig auch spezifische Kataloge zustimmungspflichtiger Geschäfte im Beteiligungsvertrag definiert. Verfügt das Portfoliounternehmen über einen Aufsichtsrat oder Beirat, entsendet die Private Equity-Gesellschaft meist einen Vertreter in das Gremium. Dieser Maßnahmenkomplex wird unter dem Begriff Monitoring zusammengefasst.

Gleichzeitig fördert die Private Equity-Gesellschaft die Unternehmensentwicklung der Beteiligung durch zahlreiche Unterstützungsleistungen. Die Managementunterstützung zielt auf die unterschiedlichsten Funktionen des Unternehmens ab, vornehmlich die Bereiche Finanzierung, Strategie, Vertrieb, Personal etc. Die Entscheidung, inwieweit die Managementunterstützung in Anspruch genommen wird, liegt beim Management des Portfoliounternehmens. Zusätzlich stellt die Private Equity-Gesellschaft der Beteiligung das eigene Netzwerk zur Vermittlung externer Ressourcen zur Verfügung. Sämtliche Unterstützungsleistungen, die die Private Equity-Gesellschaft für das Portfoliounternehmen erbringt, werden unter dem Begriff Mentoring subsumiert.

Kommt es allerdings hart auf hart und ist die Substanz des Portfoliounternehmens aufgrund von Managementfehlern gefährdet, so bleibt der Private Equity-Gesellschaft nichts anderes übrig, als zu versuchen, dem Management die Kontrolle des Unternehmens zu entreißen, indem mit anderen Anteilseignern die Ablösung des Managements betrieben wird. In seltenen Fällen übernimmt die Private Equity-Gesellschaft die Leitung, um bei einem sanierungsbedürftigen Portfoliounternehmen einen Turnaround voranzutreiben.

Während üblicherweise Mentoring und Monitoring – wenn auch in unterschiedlichen Ausprägungsgraden – bei jedem Portfoliounternehmen ausgeübt werden, ist Intervening stark von Unternehmenskontext und wirtschaftlicher Situation abhängig und wird nur im Einzelfall angewandt.

Hintergrund für Kontrolle und Förderung der Portfoliounternehmen ist die renditeorientierte Denk- und Handlungsweise von Private Equity-Gesellschaften. Ein wichtiger Hebel, um die ambitionierten Renditeziele während der Beteiligungsdauer erzielen zu können, ist eine Steigerung des Unternehmenswertes. Bereits während der Due Diligence-Phase werden Wertsteigerungspotenziale identifiziert und gezielte Maßnahmen erarbeitet, deren Implementierung in die Postinvestmentphase fällt. Ebenso basiert das Monitoring zum überwiegenden Teil auf den in der Due Diligence-Phase erhobenen Kennzahlen. Die Verknüpfung von Monitoring und Mentoring stellt sicher, dass durch die kontinuierliche Kooperation Informationsasymmetrien zwischen Management und Investor abgebaut werden.

Die Postinvestmentphase dauert im Vergleich zu den übrigen Phasen des Investitions-prozesses am längsten. Monitoring und Mentoring erfordern eine erhebliche Allokation an Ressourcen seitens der Private Equity-Gesellschaft. Empirischen Studien zufolge be-anspruchen diese Tätigkeiten ca. 60 % des Arbeitseinsatzes von Private Equity-Managern. Die Postinvestmentphase stellt zudem andere Anforderungen an das Kompetenzprofil eines Private Equity-Professionals, da hier primär strategische und operative Hilfestellungen gefragt sind – im Gegensatz zu überwiegend finanztechnischen Fragestellungen in den übrigen Phasen.

Dessen ungeachtet kommt die Darstellung der Postinvestmentphase in der existierenden Literatur meist zu kurz. Daher soll im Folgenden gezielt auf die einzelnen Tätigkeitsbereiche eingegangen werden.

6.1 Monitoring

Unter Monitoring wird die laufende Überwachung von Portfoliounternehmen durch einen Private Equity-Fonds verstanden. Ziel der Monitoring-Aktivitäten der Private Equity-Gesellschaft ist die Minimierung der mit einer Investition verbundenen Risiken.

Umfangreiches Monitoring wird durch die höhere Unsicherheit dieser Anlageform bedingt. Vor allem die mit dieser Anlageform verbundene Illiquidität des investierten Kapitals und die vergleichsweise lange Kapitalbindungsdauer machen eine Risikobegrenzung erforderlich.

Monitoring ist für den Finanzinvestor ein aufwändiges, zeitintensives und damit kosten-treibendes Unterfangen. Dem Aufwand steht jedoch ein nicht-monetärer Ertrag in Form einer Risikobegrenzung gegenüber. An dieser Risikominimierung partizipiert nicht nur singulär der Finanzinvestor, der die Leistung erbringt und folglich die Kosten trägt, sondern auch alle weiteren Anteilseigner ebenso wie Gläubiger. Es kommt zu einem sogenannten Trittbrett-fahrereffekt, Aufwand und Nutzen fallen auseinander. Private Equity-Fonds wälzen daher meist einen Teil der Kosten für die Monitoring-Tätigkeiten auf die Portfoliounternehmen über. Dem branchentypischen Gebührensystem entsprechend wird üblicherweise eine trans-aktionsgrößenabhängige Gebühr in Höhe von ca. fünf Prozent des EBITDA als Monitoring Fee veranschlagt.

Zur Überwachung und Kontrolle der Portfoliounternehmen bedienen sich Private Equity-Fonds einem speziellen Instrumentarium, das in den folgenden Unterabschnitten näher er-läutert wird.

6.1.1 Organisation des Kontrollsystems

Die Organisation des Kontrollsystems umfasst sämtliche Vorbereitungen, die darauf abzielen, für das Portfoliounternehmen eine leistungsfähige Corporate Governance-Struktur zu schaffen und damit das Monitoring durch Private Equity-Fonds so effizient wie möglich zu gestalten.

Zur Schaffung einer verbindlichen Rechtsgrundlage werden im Beteiligungsvertrag umfangreiche und vom gesellschaftsrechtlichen Normalstatut abweichende Informations- und Kontrollrechte vereinbart. Dementsprechend frühzeitig müssen die Erfordernisse der Monitoring-Aktivitäten im Investmentprozess bedacht werden.

Zur Sicherstellung eines qualitativ hochwertigen Informationsflusses wird bereits in der Due Diligence-Phase die Güte der internen Managementinformationssysteme der Portfoliounternehmen evaluiert ebenso wie deren Reportingsysteme. Bei Handlungsbedarf wird umgehend für adäquate Systeme gesorgt, bilden Informationen doch die Basis für sämtliche weiteren Maßnahmen.

Zur Gewährleistung eines einheitlichen Informationsflusses verpflichtet der Private Equity-Fonds die Portfoliounternehmen, das regelmäßige Reporting in einem einheitlichen Format vorzunehmen. Das Ziel ist die Entlastung eigener Ressourcen durch eine Standardisierung des Informationsflusses, indem beteiligungsübergreifend ein fondsspezifisches Format vorgegeben wird. Dies erleichtert nicht nur die Überwachung der Portfoliounternehmen, sondern zudem die Aufbereitung der Investmentberichte für die eigenen Investoren. Meist sieht die Vereinbarung auch die elektronische Übermittlung standardisierter Reporting-Daten vor.

6.1.2 Laufendes Beteiligungscontrolling

Im Rahmen der Gestaltung des Beteiligungsvertrags wird das Portfoliounternehmen zu einem regelmäßigen, meist monatlichen Reporting gegenüber dem Finanzinvestor verpflichtet. Der Umfang der Reportingpflichten reicht von aktualisierten Bilanzen, Gewinn und Verlustrechnungen sowie Cashflow Rechnungen bis hin zu detaillierten Investitionsplanungen und Businessplänen. Zusätzlich zu rein finanziellen Kennzahlen werden in Abhängigkeit der Lebenszyklusphase des Portfoliounternehmens auch Berichte über den Stand der technischen Produktentwicklung oder detaillierte Vertriebszahlen, Vermarktungserfolge, Auftragsbestand oder Vertragsabschlüsse angefordert. Teilweise erstrecken sich die Reportingpflichten auch auf Markttrends und Wettbewerbsentwicklungen. Zur Überprüfung der vorgelegten Geschäftszahlen wird häufig ein Abgleich mit externen Informationen vorgenommen.

Auf Basis der vorgelegten Geschäftszahlen wird die Performance des Portfoliounternehmens bewertet. Anhand des in der Due Diligence-Phase erarbeiteten Businessplans führt der Private Equity-Fonds einen Vergleich zwischen realer und antizipierter Geschäftsentwicklung durch.

Es gilt, die Abweichungen vom Businessplan rechtzeitig zu erkennen und kurzfristig Reaktionsmöglichkeiten zu schaffen.

Bei einem umfangreichen Portfolio bietet es sich an, anhand des vorliegenden umfangreichen Datenbestands weiterer Portfoliounternehmen die Performance ähnlicher Portfoliounternehmen gegenüberzustellen und durch ein Benchmarking zu bewerten.

6.1.3 Mitwirkung in Aufsichtsgremien

Gerade im deutschsprachigen Raum ist die Berufung eines oder mehrerer Vertrauter oder Mitarbeiter eines Private Equity-Fonds in das Aufsichts- oder Beratungsgremium eines Portfoliounternehmens üblich.

Mit der Gremienarbeit werden vier Funktionen verfolgt: Erstens ist der Finanzinvestor automatisch in die Entscheidungs- und Beschlussfindung des Portfoliounternehmens eingebunden. Zweitens bietet sich die Mitarbeit als Basis für einen informellen Informationsaustausch an, der zusätzlich zum laufenden Beteiligungscontrolling die Wissensbasis des Private Equity-Fonds stärkt. Drittens erleichtert die Zusammenarbeit mit Vertretern anderer Anteilseigner die Koordination zwischen den Anteilseignern und fördert eine einheitliche Position der Eigenkapitalgeber. Viertens sind mit der Berufung – gerade wenn es sich um eine AG mit einem Aufsichtsrat als Aufsichtsgremium handelt – besondere gesellschaftsrechtlich festgelegte Befugnisse verbunden.

In den angelsächsischen Volkswirtschaften lässt sich, vor allem aufgrund rechtlicher Bedenken, vermehrt eine Zurückhaltung in Bezug auf die Mitwirkung in Aufsichtsratsgremien beobachten, da eine Partizipation erhebliche Haftungsrisiken nach sich ziehen könnte.

6.1.4 Zustimmungspflichtige Geschäfte

Mit der Formulierung eines Katalogs zustimmungspflichtiger Geschäfte stellt der Private Equity-Fonds sicher, dass Geschäfte, die einen grundlegenden Einfluss auf die Geschäftsentwicklung des Portfoliounternehmens haben könnten, grundsätzlich dem Aufsichtsrat vorzulegen sind. Hierunter fallen grundlegende Entscheidungen bezüglich Unternehmensstrategie oder Investitionen, die nach den Planungen oder Erwartungen die Ertragsaussichten der Gesellschaft nachhaltig verändern könnten.

Derartige Geschäfte werden dann künftig vom Votum beider Organe, des Vorstands und des Aufsichtsrats, abhängig gemacht. Die Überwachungsfunktion des Aufsichtsrats wird deutlich gestärkt, indem nicht nur die rechtzeitige Information seitens des Vorstands zu erfolgen hat, sondern eine Einbindung in die Entscheidungsfindung erzielt wird. Insofern ist aus Sicht eines

Private Equity-Fonds die Kombination von zustimmungspflichtigen Geschäften und einer Mitarbeit im Aufsichtsgremium sinnvoll, um Einfluss auf Entscheidungen zu nehmen.

Gleichzeitig ist die Definition zustimmungspflichtiger Geschäfte ein äußerst flexibel zu handhabendes Instrument. Für jedes Portfoliounternehmen kann ein maßgeschneiderter Katalog formuliert werden, der spezifische Eigenschaften des Portfoliounternehmens berücksichtigt, wie etwa Branche, Größe oder Phase im Unternehmenslebenszyklus. Häufig wird aber gerade zu Beginn eines Investments als Grundlage ein Standardkatalog verwendet, da der Private Equity-Fonds mit den spezifischen Eigenschaften noch nicht vertraut ist. Darüber hinaus können weitere Bestandteile aufgenommen werden, wie z. B. Vetorechte. Ebenso kann das Inkrafttreten einer Zustimmungspflicht an bestimmte Voraussetzungen geknüpft werden, z. B. das Verfehlen von Meilensteinen.

6.2 Mentoring

Unter Mentoring wird die Erbringung von Maßnahmen seitens des Private Equity-Fonds verstanden, die auf eine Erhöhung der Wertschöpfung des Portfoliounternehmens abzielen. Darunter fallen Maßnahmen zur Managementberatung und -betreuung sowie die Zurverfügungstellung des eigenen Netzwerks. Ebenfalls werden englische Begriffe wie Value-adding oder Supporting verwendet.

Aus Sicht der Portfoliounternehmen stellen die unter dem Begriff Mentoring zusammengefassten Maßnahmen die bedeutsamste Komponente einer Private Equity-Finanzierung dar. Neben der reinen Finanzierungsleistung, der Aufbringung von Eigenkapital, trägt die Private Equity-Gesellschaft zum Erfolg des Unternehmens bei. Aus diesem Grund ist Mentoring das wichtigste Differenzierungsmerkmal im Wettbewerb um Investitionsmöglichkeiten.

6.2.1 Organisation der Betreuung

Die Mehrzahl der Private Equity-Beteiligungen basiert auf Minderheitsbeteiligungen. Somit kann und wird kein unternehmerischer Einfluss angestrebt. Die Kooperation von Private Equity-Gesellschaft und Portfoliounternehmen in der Postinvestmentphase basiert auf einer partnerschaftlichen Zusammenarbeit von Private Equity-Professional und Management. Am fruchtbarsten ist die Verbindung, wenn das Management die Unterstützung als wertvoll und gewinnbringend auffasst. Ziel der Private Equity-Gesellschaft ist es, sich bereits am Anfang durch hochprofessionelles Auftreten und leistungsorientiertes Engagement entsprechend zu positionieren, um dem Management Vorteile einer engen Zusammenarbeit zu signalisieren.

Der Private Equity-Gesellschaft bietet sich durch Mentoring die Möglichkeit zu einer aktiven Beeinflussung des Beteiligungserfolgs über die gesamte Investmentdauer. Inwieweit die

Private Equity-Gesellschaft diese Möglichkeit tatsächlich ausschöpft, hängt von einer Reihe von Faktoren ab.

Die Ausgestaltung des Mentoring unterscheidet sich von Fonds zu Fonds. Unterschieden werden abhängig von der Intensität der Zusammenarbeit Hands-on-Ansatz und Hands-off-Ansatz. Während der Hands-on-Ansatz durch intensives Mentoring und ausgeprägte Zusammenarbeit gekennzeichnet ist, ist der Hands-off- oder Laissez-faire-Ansatz auf Monitoring beschränkt und durch den Verzicht auf aktive Managementunterstützung geprägt. In der Praxis lassen sich beide Ansätze finden, ebenso wie zwischen diesen Extremen liegende Ausprägungen. Dies ist in Analogie zur Nachfrage der Portfoliounternehmen nach Finanzierungsleistungen zu sehen. Abhängig von der Phase des Unternehmens im Lebenszyklus und den eigenen Managementqualifikationen haben Portfoliounternehmen unterschiedliche Präferenzen in Bezug auf eine aktive Involvierung der Private Equity-Gesellschaft.

Mit einem Hands-on-Ansatz verbinden Private Equity-Fonds eine duale Zielsetzung. Zu dem Grundgedanken, durch einen Beitrag zur Wertschöpfung den Unternehmenswert der Beteiligung zu steigern, kommt der Vorteil, einen Informationsvorsprung generieren zu können. Durch eine starke Einbindung in die strategische Entscheidungsfindung eines Portfoliounternehmens lassen sich Informationen generieren, die anderen Funktionen der Postinvestmentphase zugutekommen und insbesondere das Monitoring erleichtern.

Der Beitrag zur Wertschöpfung als Maßstab der Qualität des Mentoring hängt stark von der Erfahrung und persönlichen Kompetenz des jeweiligen das Portfoliounternehmen betreuenden Private Equity-Professionals ab. Dementsprechend schwierig lassen sich bei Vorliegen einer Vielzahl interessanter Investments kurzfristig zusätzliche Kapazitäten aufbauen.

6.2.2 Managementunterstützung

Im Zentrum der Managementunterstützung steht die Qualifizierung der unternehmerischen Führung eines Portfoliounternehmens. Dazu bieten Private Equity-Professionals systematische Hilfestellungen für die Bereiche und Funktionen eines Portfoliounternehmens an, in denen Defizite identifiziert wurden.

Das Ausmaß der Managementunterstützung ist stets situativ und orientiert sich an den Größen identifizierte Defizite, vorhandene Kompetenzen und Kooperationsbereitschaft des Portfoliounternehmens.

Private Equity-Professionals nehmen unterschiedliche Rollen gegenüber dem Management des Portfoliounternehmens war. Diese Rollen lassen sich schwer umfassend kategorisieren, häufig werden Begriffe wie kompetenter Diskussionspartner, Ideenquelle, externer Unternehmensberater oder Managementcoach verwendet.

Die Managementunterstützung erstreckt sich auf sämtliche Bereiche der unternehmerischen Tätigkeit eines Portfoliounternehmens. Private Equity-Professionals bringen ihr Know-how in Managementfragen ein und stehen als Ansprechpartner für sämtliche betriebswirtschaftlichen Fachfragen – strategischer wie operativer Art – zur Verfügung. Neben Hilfestellungen im Bereich der eigentlichen Kernkompetenz von Private Equity-Professionals, wie z. B. Beratung bei anstehenden Finanzierungen, Aushandeln von Konditionen und Beschaffung von Finanzmitteln, umfasst das Spektrum der Unterstützung auch finanzierungsfremde Bereiche wie Planung und Strategie, Personal, Produktentwicklung, Marketing und Vertrieb. Typische Beispiele sind die Einbindung des Private Equity-Professionals in die Bestimmung der Unternehmensstrategie, dessen Mitwirkung bei der Festlegung der Marketingstrategie, aber auch Hilfestellungen im operativen Bereich, wie die Beschaffung von Marktinformationen oder Personalrekrutierung.

6.2.3 Einschaltung externer Ressourcen

Während der Postinvestmentphase stellen sich bei den meisten Portfoliounternehmen Wachstumshemmnisse unterschiedlichster Ausprägung ein. Zur Behebung dieser Hemmnisse mangelt es dem Unternehmen an personelle Kapazitäten und/oder entsprechendem Spezialwissen. Dies macht die Einschaltung externer Ressourcen erforderlich. Bei dieser Aufgabe unterstützen Private Equity-Fonds Portfoliounternehmen in dreierlei Hinsicht.

Erstens fällt es Private Equity-Professionals durch ihre externe Sicht auf das Unternehmen leicht, den Handlungsbedarf im Portfoliounternehmen unvoreingenommen zu analysieren. Aufgrund einer adäquaten und profunden Informationslage sowie persönlicher Erfahrung durch die Betreuung mehrerer Unternehmen in ähnlichen Wachstumsphasen vermögen Private Equity-Fonds zukünftige Wachstumshindernisse im Unternehmen zu antizipieren.

Zweitens helfen Private Equity-Professionals bei der Entscheidung, ob die für die Umgehung von Wachstumshindernissen erforderlichen Ressourcen aus eigenem Personalbestand gedeckt werden können oder die Einschaltung externer Spezialisten erfordert.

Drittens können Private Equity-Professionals über ihr umfangreiches Beziehungsnetzwerk qualifizierte Kontakte für die benötigten Funktionen ermitteln und dem Portfoliounternehmen die benötigten Ansprechpartner vermitteln.

Aufgrund erfolgreicher Zusammenarbeit bei Projekten in der Vergangenheit können Private Equity-Fonds nicht nur eine Aussage über die Verfügbarkeit von Spezialisten treffen, sondern auch deren Qualität und das Niveau ihrer Arbeit bewerten. Dem Portfoliounternehmen werden so kostspielige Fehlinvestitionen erspart.

6.3 Intervening

Der wirtschaftliche Erfolg des Portfoliounternehmens hängt in großem Maße von der Qualität des Managements und den Fähigkeiten der einzelnen Mitglieder des Managementteams ab. Verliert der Private Equity-Fonds das Vertrauen in die Fähigkeiten des Managements, eine positive Unternehmensentwicklung herbeizuführen, so bleibt dem Investor nichts anderes übrig, als zu versuchen, dem Management die Kontrolle des Unternehmens zu entreißen – insbesondere, wenn die Substanz des Portfoliounternehmens aufgrund von Managementfehlern gefährdet ist.

Die Beurteilung dieses Instrumentariums ist durchaus umstritten – abhängig von den verschiedenen Interessengruppen und den sich für die jeweilige Gruppe ergebenden Konsequenzen bestehen unterschiedliche Perspektiven. Dementsprechend selten wird diese Option durch den Fonds wahrgenommen – trotzdem hat gerade dieses Instrumentarium in der Öffentlichkeit dazu geführt, ein Misstrauen gegenüber Finanzinvestoren entstehen zu lassen und birgt erhebliches Konfliktpotenzial.

- Aus Sicht des Managements der Portfoliounternehmen handelt es sich bei Intervening um die gefürchtete Komponente einer Finanzierung mit intelligentem Eigenkapital.

- Für das Portfoliounternehmen selbst bietet Intervening eine Chance, durch ein neues Management das Fortbestehen des Unternehmens zu sichern.

- Aus Sicht des Investors handelt es sich um eine Strategieoption zur Minimierung des eigenen Investmentrisikos. Für den Fonds bedeutet Intervening stets das Eintreten des Worst-Case-Szenarios: Die Entwicklungsstrategie für das Portfoliounternehmen ist nicht aufgegangen, das Mentoring der Postinvestmentphase war vergeblich. Ein Buyout wird niemals mit dem Ziel getätigt, nach der Investition eine Ablösung des Managements in der Postinvestmentphase herbeizuführen. Fällt die ausführliche Bewertung der Eignung des Managements im Rahmen der Due Diligence negativ aus, wird die Investitionsmöglichkeit eher ausgeschlagen als auf spätere Konfrontation gesetzt.

In den meisten Fällen von Intervening übernimmt der Private Equity-Fonds eine Führungsrolle bei der Rekrutierung eines neuen Managementteams. In seltenen Fällen – sollte die Suche fehlschlagen oder sich großer Zeitdruck durch eine sich abzeichnende Insolvenz aufbauen – übernimmt die Private Equity-Gesellschaft die Geschäftsleitung, um bei einem sanierungsbedürftigen Portfoliounternehmen einen Turnaround voranzutreiben.

6.3.1 Ablösung des Managements

Der Bewertung der Eignung des Managements widmet sich bereits ein Teil der Grobanalyse im Rahmen der Investitionsentscheidung. Diese Bewertung wird während der Due Diligence weiter vertieft, indem durch ausführliche Gespräche und Interviews der berufliche Werdegang und der Erfahrungshorizont des Managementteams überprüft werden. Im Mittelpunkt steht die Frage, ob das Managementteam die requirierte fachliche Kompetenz aufweist, sich gegenseitig gut ergänzt und auf dieser Basis eine langfristige Zusammenarbeit möglich erscheint.

Die Ablösung des Managements kann aus Sicht des Private Equity-Fonds im Wesentlichen aus vier Gründen erforderlich werden:

-   *Verfehlen von Meilensteinen:* Es obliegt dem Management, die in der Due Diligence identifizierten operativen Wertsteigerungspotenziale zu erreichen. Diese sind als Meilensteine im Beteiligungsvertrag festgeschrieben. Werden die gesetzten Ziele nicht erreicht, muss das Management die Verantwortung übernehmen. Meist ist die Ausformulierung von Meilensteinen mit entsprechenden gesellschaftsrechtlichen Sanktionsmechanismen gekoppelt.

-   *Veränderte Qualifikationsanforderungen:* Teilweise gelingt es dem Management nicht, die eigenen Fähigkeiten analog zur Entwicklung des Unternehmens auszubauen. Insbesondere beim Eintreten des Unternehmens in eine neue Phase im Unternehmenslebenszyklus sind verstärkt andere Kompetenzen erforderlich. Diese Divergenzen lassen sich vor allem an unterschiedlichen Ansichten über die zukünftige Entwicklung festmachen, oftmals auch an der mangelhaften operativen Umsetzung gute Ideen.

-   *Offensichtliche Managementfehler:* Durch das umfangreiche Monitoring lassen sich Umsatz- und Ergebnisrückgang aufgrund von Fehlentscheidungen und Misswirtschaft frühzeitig aufdecken. Negative Auswirkungen auf die Unternehmensperformance kann sich der Private Equity-Fonds nicht leisten.

-   *Consumption-on-the-Job:* Das Management trifft eigennützige Entscheidungen, die nicht im Sinne des Portfoliounternehmens sind. Augenscheinlichste Beispiele sind teure Dienstwagen oder luxuriöse Büroausstattungen.

Die Bestellung des Vorstands ist bei Aktiengesellschaften die Aufgabe des Aufsichtsrats. Somit kommt den Eigenkapitalgebern keine unmittelbare Personalkompetenz in Bezug auf das Management zu. Aufgrund der vermehrt in Form von Minderheitsbeteiligungen getätigten Investments fällt die Ablösung des Managements entsprechend schwer.

Grundsätzlich bieten sich drei Vorgehensweisen an, um aus Investorensicht eine Ablösung des Managements bei einem Portfoliounternehmen herbeizuführen:

- *Beteiligungsvertragsbasiert:* Sind im Beteiligungsvertrag entsprechende Regelungen vereinbart worden und sind die meist damit verbundenen Kriterien erfüllt, ist die Ablösung des Managements reine Formsache. Dies ist die für den Private Equity-Fonds einfachste, schnellste und unkomplizierteste Lösung.

- *Konsensorientiert:* Fehlen dezidierte Regelungen im Beteiligungsvertrag, konnten diese bei dessen Aushandlung nicht durchgesetzt werden oder sind die Ablösekriterien nicht erfüllt, kann der Finanzinvestor versuchen, das Management im Interesse des Unternehmens von einer Ablösung zu überzeugen. Dies ist vor allem im Fall von veränderten Qualifikationsanforderungen Erfolg versprechend.

- *Konfliktär:* Lässt sich keine einvernehmliche Lösung mit dem Management des Portfoliounternehmens herbeiführen, bleibt dem Private Equity-Fonds als letztes Mittel nur der Ausweg, eine Ablösung gegen den Willen des Managements zu betreiben. Rechtlich wird zur Abberufung des Vorstands ein Aufsichtsratsbeschluss benötigt.

Eine öffentliche Konfrontation mit dem Management ist meist mit negativen Auswirkungen auf die Reputation des Unternehmens, Beschäftigungsverhältnisse sowie Kundenbeziehungen verbunden, daher finden im Vorfeld umfangreiche Sondierungen der Handlungsalternativen statt. Ziel des Fonds ist es primär, eine einvernehmliche Lösung mit dem Management zu erzielen. Insbesondere in zeitkritischen Situationen ist diese Lösung die schnellste und vermeidet negative Öffentlichkeitswirkung.

Aufgrund der geschilderten Problematik setzen Private Equity-Gesellschaften immer häufiger explizite Regelungen zur Ablösung des Managements im Beteiligungsvertrag durch. Neben der Vermeidung späterer Konfliktsituationen kann Intervening durch die Verankerung im Beteiligungsvertrag auch als potenzielle Disziplinierungsmaßnahme motivationssteigernde Wirkung auf das Management entfalten. So erhöht sich der persönliche Druck beim Management, die vereinbarten Meilensteine zu erreichen.

Als vielversprechende Alternative zu einer öffentlichen Konfrontation wird die Koalitionsbildung mit anderen institutionellen Anlegern geprüft. Angesichts der niedrigen Präsenz auf den Hauptversammlungen reichen relativ geringe Beteiligungsquoten aus, um die gewünschte Kontrolle über das Unternehmen zu erlangen.

Eine in letzter Zeit verstärkt eingesetzte Alternative ist der Aufkauf von Fremdkapital von Gläubigern des Portfoliounternehmens. In Krisensituationen bietet der Erwerb von Firmenkrediten oder Anleihen, im Fachjargon Distressed Debt, bessere Möglichkeiten, ein überaus starkes Druckpotenzial auszuüben.

Die Kosten für die Ablösung des Managements trägt das Beteiligungsunternehmen. Darunter fallen neben Abfindungszahlungen für das Management aufgrund der Auflösung des Beschäftigungsverhältnisses auch eventuelle Rechtskosten sowie die Kosten für die Rekrutierung des neuen Managements. Somit kann die Ablösung des Managements durchaus teuer werden.

6.3.2 Interimsmanagement

Interimsmanagement bezeichnet eine zeitlich begrenzte Übernahme von Managementfunktionen in kritischen Unternehmenssituationen.

Im Krisenfall kann ein Private Equity-Fonds – nach erfolgreicher Ablösung des existierenden Managements – eigene Mitarbeiter als Geschäftsführung eines Portfoliounternehmens einsetzen. Zu dieser Maßnahme wird allerdings bei Buy-out-Fonds nur selten gegriffen – im Gegensatz zu Turnaround-Fonds.

Restrukturierungen und Sanierung von Unternehmen unterliegen stets einem Zeitdruck. Je länger rettende Maßnahmen aufgeschoben werden, desto schwieriger lässt sich ein Unternehmen aus der Notsituation befreien. Die Restrukturierung zielt darauf ab, unpopuläre Maßnahmen leichter durchsetzen und den mit einer Insolvenz verbundenen Kontrollverlust abzuwenden zu können.

Insbesondere der Zeitvorteil macht die Option, ein Interimsmanagement aus eigenen Mitarbeitern zu bilden, attraktiv. Eine aufwändige Rekrutierung entfällt ebenso wie eine zeitintensive Einarbeitungsphase in komplexe Sachverhalte.

Demgegenüber stehen ein permanenter Interessenkonflikt gegenüber weiteren Anteilseignern sowie Gläubigern und ungeklärte rechtliche Fragen in Bezug auf Haftung und Versicherbarkeit des Interimsmanagements.

6.4 Erfolgsfaktoren

Mentoring und Monitoring stellen die wichtigsten Bestandteile intelligenter Finanzierungsformen dar. Für ein Portfoliounternehmen bedeuten Mentoring und Monitoring ein bedeutendes Wertschöpfungspotenzial in Form von externer Kompetenz bei gleichzeitiger Disziplinierung. Für einen Private Equity-Fonds bieten Mentoring und Monitoring die Möglichkeit, zu einer höheren Bewertung durch Verbesserung des EBITDA, zu einer Abschwächung der Informationsasymmetrie und zu einer Risikominimierung des Investments, zu gelangen.

Kennzeichnend für die Vorgehensweise der Postinvestmentphase ist, dass das Aktivitäts-niveau von Mentoring und Monitoring in Abhängigkeit von der verfolgten Investmentphilo-sophie des Fonds (Hands-on oder Hands-off) unterschiedlich stark ausgeprägt ist, während Intervening nur situativ eingesetzt wird – aufbauend auf den erstgenannten Maßnahmen.

Das Zusammenspiel der einzelnen Maßnahmen ist überaus komplex und die Wahl des Instrumentariums situationsbezogen. Dennoch lassen sich einige grundlegende Erfolgs-faktoren unabhängig von einzelnen konkreten Konstellationen identifizieren:

- *Qualität:* Einen Beitrag zur Wertschöpfung eines Portfoliounternehmens kann ein Private Equity-Fonds nur dann leisten, wenn der Private Equity-Professional über Fähigkeiten verfügt, von denen das Portfoliounternehmen profitieren kann. Die Leistungen des innerhalb der Postinvestmentphase zu bewältigenden Aufgaben-spektrums vom Monitoring über das Mentoring bis hin zu einem eventuellen Intervening müssen sich durch qualitative Exzellenz auszeichnen. Dementsprechend hoch sind die Anforderungen an die jeweiligen Private Equity-Professionals.

- *Quantität:* Neben der Qualität wirkt sich die Ressourcenallokation des Private Equity-Fonds direkt auf die innerhalb der Postinvestmentphase erzielte Wertschöpfung aus. Das Zeitbudget von Private Equity-Professionals ist stark restringiert und verteilt sich auf die Betreuung des Gesamtportfolios sowie Neuakquisitionen. Für den Erfolg der Postinvestmentphase ist ausschlaggebend, wie viel Zeit tatsächlich verbleibt, um sich mit einem Portfoliounternehmen zu befassen und dessen Management zur Verfügung zu stehen. Eine branchenübliche Approximation zur Bestimmung der Quantität ist die Kennzahl Beteiligungen pro Private Equity-Professional.

- *Kooperation*: Für eine erfolgreiche Postinvestmentphase sind beide Seiten auf eine vertrauensvolle Zusammenarbeit angewiesen. Dabei erweist sich die Kombination aus Monitoring und Mentoring für den Private Equity-Professional immer wieder als Gratwanderung zwischen der Rolle einer peniblen Kontrollinstanz und eines unter-stützenden Beraters. Wichtig ist, dass das Management der Beteiligung das Angebot zur Unterstützung durch den Private Equity-Professional als Chance erkennt und diese konstruktiv einfordert. Dabei ist auch die Motivation des Managements des Portfolio-unternehmens entscheidend: Ist das Management nur am finanziellen Aspekt des Investments interessiert oder willens, die Value-added-Leistungen der Private Equity-Gesellschaft aufzugreifen?

Fundraising >> Deal Flow >> Beteiligungsprüfung >> Strukturierung >> **Postinvestmentphase** >> Exit

- *Komplementarität:* Je größer die Abweichungen der jeweiligen Kompetenzfelder von Portfoliounternehmen bzw. Finanzinvestoren ist, desto größer die Möglichkeit, mit den nichtmonetären Komponenten eines Private Equity-Investments einen außerordentlichen Beitrag zur Wertschöpfung erzielen zu können.

Literaturhinweise

BYGRAVE, W. D./HAY, M./PEETERS, J. B. (2000): Das Financial Times Handbuch Risiko-kapital, München 2000.

CASAMATTA, C. (2003): Financing and Advising: Optimal Financial Contracting with Venture Capitalists, in: Journal of Finance 2003, Jg. 58, H. 5, S. 2059–2086.

DE CLERCQ, D./FRIED, V. H./LEHTONEN, O./SAPIENZA, H. J. (2006): An Entrepreneur's Guide to the Venture Capital Galaxy, in: Academy of Management Perspectives 2006, Jg. 20, H.3, S. 90–112.

JUGEL, S. (2003): Private Equity Investments: Praxis des Beteiligungsmanagements, 1. Auflage, Wiesbaden 2003.

LEOPOLD, G./FROMMANN, H./KÜHR, T. (2003): Private Equity – Venture Capital: Eigenkapital für innovative Unternehmer, München 2003.

WELPE, I. (2004): Venture-Capital-Geber und ihre Portfoliounternehmen: Erfolgsfaktoren der Kooperation, 1. Auflage, Wiesbaden 2004.

WRIGHT, M./ROBBIE, K. (1998): Venture Capital and Private Equity: A Review and Synthesis; in: Journal of Business Finance & Accounting 1998, Jg. 25, H. 5/6, S. 521–570.

7 Exit

Private Equity-Transaktionen werden grundsätzlich mit einem begrenzten Zeithorizont getätigt. Der Exit ermöglicht es den Kapitalgebern, das eingesetzte Kapital zurück zu erhalten, erzielte Buchgewinne zu realisieren und sich neuen Investmentalternativen zuzuwenden. Dementsprechend wird diese Phase auch als Desinvestitionsphase, Divestment oder Harvesting (engl. to harvest: „ernten") bezeichnet.

Grundsätzlich werden sämtliche Abgänge von Portfoliounternehmen aus dem Beteiligungsportfolio unter dem Begriff Exit zusammengefasst. Die einzelnen Möglichkeiten zur Reduzierung des Portfolios werden als Exit-Kanäle bezeichnet und umfassen ebenso die Börsennotierung des Portfoliounternehmens wie den Verkauf der Beteiligung an weitere Investoren oder auch die Abschreibung bei fehlgeschlagenen Investments.

Erst in dieser letzten Phase des Investitionsprozesses steht mit Bestimmung des Verkaufserlöses für die Private Equity-Gesellschaften die Rentabilität des Investments fest. Neben externen Faktoren, wie dem Börsenklima, spielt auch die Wahl des Exit-Kanals eine bedeutende Rolle bei der Preisfindung. Gleichzeitig stellen die einzelnen Kanäle unterschiedliche Anforderungen an das Portfoliounternehmen. Auch setzen einige Exit-Kanäle gesellschaftsrechtliche Regelungen voraus, die bereits bei Aufsetzung des Gesellschaftsvertrags bedacht werden müssen. Daher sollte der Exit langfristig im Voraus geplant werden. Häufig werden schon zu Beginn des Investments mögliche Exit-Szenarien eruiert und relevante Maßnahmen in einer Exit-Strategie detailliert festgelegt.

Nicht alle Exit-Kanäle erlauben die komplette Desinvestition zu einem bestimmten Zeitpunkt. Häufig werden entweder die Beteiligungshöhe über einen längeren Zeitpunkt abgebaut oder Gewährleistungspflichten gegenüber dem Käufer eingeräumt. Zwar bleiben Private Equity-Fonds längerfristig an das Beteiligungsunternehmen gebunden, beide Maßnahmen wirken sich jedoch positiv auf die Höhe des Verkaufspreises aus. Dabei handelt es sich um einen sogenannten Signalling Effect, mit dem der Verkäufer dem Käufer sein Vertrauen in das Unternehmen signalisiert. Bei fortgesetzter Beteiligung entsteht ein zusätzlicher Vorteil durch einen zweiten Exit, häufig zu einer höheren Bewertung. So kann die Private Equity-Gesellschaft länger am Wertzuwachs des Portfoliounternehmens partizipieren, obschon das Kapital länger gebunden bleibt.

Im Folgenden werden die einzelnen Exit-Möglichkeiten vorgestellt und es wird auf deren spezifische Unterschiede eingegangen.

7.1 Exit-Kanäle

Unter Finanzinvestoren existiert eine geläufige Faustregel über die Bestimmung der Rentabilität der einzelnen Exit-Kanäle. Die folgende Darstellung orientiert sich an dieser Faustregel und führt die einzelnen Möglichkeiten zur Durchführung eines Exits in abnehmender Sortierung der Ertragspotenziale auf. Genau umgekehrt dazu verhalten sich die Komplexität der einzelnen Exit-Kanäle und die im Vorfeld zu tätigenden Anstrengungen zur Vorbereitung des Portfoliounternehmens auf die Desinvestition.

Ein Börsengang stellt schon aus regulatorischer Sicht die höchsten Anforderungen, bietet aber bei entsprechendem Börsenumfeld das höchste Ertragspotenzial. Verkäufe an strategische Investoren im Rahmen eines Trade Sale bieten aufgrund möglicher Synergieeffekte meist höhere Preiskonstellationen als der Verkauf an Finanzinvestoren (Secondary Purchase) oder den Alteigentümer (Buyback).

Zwei Formen der Beteiligungsveräußerung lassen sich unterscheiden: Simultaner Exit und singulärer Exit in Abhängigkeit davon, ob alle Anteilseigner beim Exit ihre Anteile verkaufen bzw. sogar vertragsrechtlich zum Mitverkauf verpflichtet sind oder ob lediglich die Private Equity-Gesellschaft ihre Beteiligung an einen Dritten veräußert. Die Exit-Kanäle Initial Public Offering (IPO), Trade Sale und Liquidation sind überwiegend nur als simultaner Exit realisierbar und benötigen entsprechende Regelungen im Beteiligungsvertrag. Secondary Purchase und Buyback werden vornehmlich als singulärer Exit konzipiert und weisen somit eine geringere Komplexität auf.

Im Mittelpunkt der Wahl des Exit-Kanals steht die Maximierung des Veräußerungsgewinns. Aus diesem Blickwinkel nimmt die Liquidation bzw. Abschreibung des Portfoliounternehmens eine Sonderstellung ein, geht es sich hier – im Gegensatz zu den anderen Exit-Kanälen – um die Minimierung des Verlustrisikos.

Eine weitere Sonderstellung nehmen Dual Track- bzw. Triple Track-Transaktionen ein, handelt es sich doch nicht um eine eigenständige Exit-Variante, sondern um die Kombination aus IPO und Trade Sale bzw. Secondary Purchase.

An den Kosten für den Exit wird das Portfoliounternehmen meist beteiligt. Das branchentypische Gebührensystem sieht neben der Monitoring Fee eine Transaktionsgebühr vor, die vom Portfoliounternehmen beim Kauf wie auch beim Verkauf erhoben wird. Die Höhe der Exit Fee liegt zwischen einem halben und zwei Prozent des Transaktionsvolumens.

7.1.1 Initial Public Offering

Initial Public Offering (IPO) bezeichnet die Erstnotierung des Beteiligungsunternehmens an einer Wertpapierbörse. Institutionelle und private Anleger werden im Rahmen eines Börsengangs öffentlich zur Zeichnung von Aktien aufgefordert. Private Equity wird so in Public Equity umgewandelt.

Ein IPO wird häufig als „Königsweg" unter den Desinvestitionsmöglichkeiten dargestellt. Dies trifft vor allem auf die Preisbildung zu, nicht selten kann ein Investor allein durch die Handelbarkeit der Aktien einen Fungibilitätsaufschlag von 30 % – 40 % erzielen. Gleichzeitig stellt die Durchführung eines IPO sowohl an den Finanzinvestor als auch an das Portfoliounternehmen die höchsten Anforderungen. Die Private Equity-Gesellschaft muss in der Lage sein, die notwendigen vorbereitenden Schritte zu identifizieren, das häufig in Fragen des Börsengangs unerfahrene Management bei deren Umsetzung zu unterstützen und die relevanten Kontakte zu externen Spezialisten herzustellen. Aufseiten der Beteiligungsgesellschaft bindet ein Börsengang umfangreiche personelle Kapazitäten auf der Führungsebene. Regulatorische Anforderungen in Bezug auf Rechtsform und Rechnungslegung müssen erfüllt werden. Zudem stellen potenzielle Anleger weitere Anforderungen im Hinblick auf Unternehmensgröße und Liquidität des Handels. Daher ist ein Börsengang nur für wenige, meist ausgesprochen erfolgreiche Portfoliounternehmen realistisch.

Ein IPO ist kein reines Desinvestitionsinstrument, sondern kombiniert die Ablösung der Alteigentümer mit einer Refinanzierungsmöglichkeit. Potenzielle Investoren achten beim IPO zunehmend darauf, dass Alteigentümer zumindest eine Zeit lang investiert bleiben. Dies ermöglicht Rückschlüsse auf die Einschätzung der Qualitätseigenschaft des Portfoliounternehmens durch Investoren mit höherem Informationsgrad (Insider). Alteigentümer, wie Private Equity-Gesellschaften, veräußern bei einem IPO deshalb meist nur einen Teil ihrer Beteiligung und verpflichten sich, den weiteren Aktienbestand erst nach einer festgelegten Haltefrist, der sogenannten Lock-up-Periode, zu veräußern. In Abhängigkeit des gewählten Börsenplatzes kann eine bestimmte Lock-up-Periode auch zwingend vorgeschrieben sein.

Da eine Kapitalaufnahme an der Börse mit relativ hohen Fixkosten verbunden ist, wird meist eine gleichzeitige Kapitalerhöhung durchgeführt. So fließt dem Unternehmen zusätzlich neues Kapital zu, das für die zukünftige Unternehmensentwicklung benötigt wird.

Ein IPO vollzieht sich nach demselben Grundmuster und kann in fünf aufeinanderfolgende Schritte eingeteilt werden, die in Abbildung 16 veranschaulicht sind.

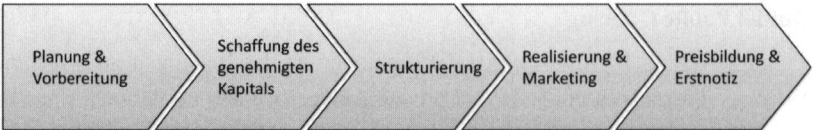

| Planung & Vorbereitung | Schaffung des genehmigten Kapitals | Strukturierung | Realisierung & Marketing | Preisbildung & Erstnotiz |

Abbildung 16:   Schematisierter Ablauf eines Börsengangs

1. Planung und Vorbereitung

Um den Prozess erfolgreich bewältigen zu können, werden zahlreiche Spezialisten benötigt. Im Vorfeld gilt es, zunächst die Emissionsbank auszuwählen und Wirtschaftsprüfer zu bestellen. Im Rahmen eines sogenannten Beauty Contest werden die Angebote mehrerer Adressen evaluiert. Die Bestellung dieser beiden externen Dienstleister ist vorgeschrieben. Darüber hinaus muss evaluiert werden, inwiefern weitere Spezialisten, unter anderem Rechtsanwälte, Emissionsberater oder Investor-Relations-Agenturen hinzugezogen werden.

In Zusammenarbeit mit dem Management, den Beratern und der Konsortialbank wird die Strategie für den Börsengang erarbeitet und in einem Maßnahmenkatalog und einem Zeitplan festgehalten.

Zunächst muss die Gesellschaft in die Rechtsform einer Aktiengesellschaft überführt werden, falls dies noch nicht geschehen ist. Die Bilanzierung des Unternehmens muss auf die durch die jeweiligen Börsenregularien determinierten Rechnungslegungsvorschriften umgestellt werden. Zusätzlich muss die Konformität mit sämtlichen Börsenzulassungsvorschriften überprüft werden.

2. Schaffung des genehmigten Kapitals

Die Schaffung des genehmigten Kapitals stellt die gesellschaftsrechtliche Voraussetzung für einen Börsengang dar. Benötigt werden jeweils ein Beschluss des Vorstands, des Aufsichtsrats und der Hauptversammlung. Je nach Zeitplan und der zeitlichen Distanz zur nächsten jährlichen Hauptversammlung wird somit die Einberufung einer außerordentlichen Hauptversammlung erforderlich. Ebenso wie die Durchführung muss der Beschluss über die Erhöhung des Grundkapitals zur Eintragung ins Handelsregister angemeldet werden.

3. Strukturierung

Aufbauend auf der erarbeiteten Strategie für den Börsengang wird das Emissionskonzept entwickelt. Die Erstellung eines Businessplans mit einer schlüssigen Ertrags-, Bilanz- und Liquiditätsplanung bildet neben einer Due Diligence die Grundlage für Equity Story und

Börsenprospekt. Die Due Diligence untersucht rechtliche, wirtschaftliche und organisatorische Risiken und Potenziale des Portfoliounternehmens. Die Equity Story nimmt als Marketinginstrument eine möglichst positive und spektakuläre Positionierung der Gesellschaft vor. Auf Grundlage des Wertpapierprospektgesetzes muss der Börsenprospekt mit allen für die Zeichnungsentscheidung relevanten Informationen zusammengestellt werden. Aufgrund der Rechtsbindung müssen mögliche Haftungsrisiken überprüft werden.

4. Realisierung und Marketing

Die offizielle Phase der Börseneinführung als finaler Schritt beginnt mit der Einreichung des Zulassungsantrags bei der Börse. Nach Erfüllung der regulatorischen Anforderungen gilt es, im Vorfeld des Börsengangs die Wahrnehmung bei potenziellen Anlegern zu steigern. Dazu wird eine Imagekampagne entwickelt, die auf einer möglichst überzeugenden Equity Story aufbaut. Die Information von Analysten wird durch Präsentationen und Konferenzen sichergestellt, für institutionelle Investoren wird in den meisten Fällen eine sogenannte Road Show veranstaltet, bei denen das Management den interessierten Investoren das Unternehmen präsentiert. Für eine weite Verbreitung empfehlen sich die Einbeziehung der Medien durch Pressekonferenzen sowie der Aufbau von gezielten Investor-Relations-Aktivitäten.

5. Preisbildung und Erstnotiz

Vor der Erstnotiz liegt die Zeichnungsfrist, in der Investoren die Zeichnung neuer Aktien vornehmen können. Je nach Größe der Emission und des gewählten Emissionsverfahrens kann die Zeichnungsfrist einige Tage bis mehrere Wochen umfassen. Kurz vor der Erstnotiz werden dann der Emissionspreis und der Zuteilungsmechanismus bei Überzeichnung bekannt gegeben. Der IPO ist mit der Erstnotiz für die Private Equity-Gesellschaft abgeschlossen. Innerhalb eines festgelegten Zeitraums nach der Emission kann die Emissionsbank in eigenem Ermessen eine Mehrzuteilungsoption ausüben, den Greenshoe. Im weiteren Verlauf hat die Emissionsbank als Designated Sponsor für ausreichend Liquidität im Handel zu sorgen.

Der deutsche Kapitalmarkt bietet drei Marktsegmente für eine Börsennotierung, die sich primär an der Erfüllung von Transparenzstandards orientieren. Unternehmen, die eine Notierung im General Standard oder Prime Standard anstreben, müssen die gesetzlichen Transparenzstandards der EU übererfüllen bzw. erfüllen, während der Entry Standard börsenreglementiert ist. Eine Notierung an ausländischen Börsenplätzen ist grundsätzlich möglich, aber meist mit höheren Kosten verbunden.

Nach dem IPO nehmen trotz fortgesetzter Beteiligung die Unterstützungsleistungen und damit der Betreuungsaufwand durch die Private Equity-Gesellschaft deutlich ab. Zum einen hat sich der Anteil der Private Equity-Gesellschaft deutlich reduziert, die Kosten der Betreuung stehen somit in einem anderen Verhältnis. Zum anderen sind die Möglichkeiten zur Einflussnahme bedingt durch das rechtliche Konstrukt einer börsennotierten Aktiengesellschaft deutlich gemindert, unter anderem entsteht die Problematik von Insider-Informationen.

Das Börsenumfeld hat einen unmittelbaren Einfluss auf den erzielbaren Emissionserlös bzw. die Möglichkeit, überhaupt Unternehmen zu einer Börsennotierung zu verhelfen. Aufgrund der Zyklizität der Börsenmärkte ist ein Exit als IPO schwer planbar, da externen, nicht beeinflussbaren Faktoren eine große Bedeutung zukommt. Daher sollten Private Equity-Gesellschaften in ihrer Exit-Strategie stets weitere Alternativen in Betracht ziehen und kontinuierlich weiterentwickeln. Allerdings werden Börsenbewertungen vergleichbarer Unternehmen häufig als Referenz für die Preisbildung in den weiteren Exit-Kanälen (mit Ausnahme der Liquidation) herangezogen. Daher spielt das Börsenumfeld auch hier eine bedeutende, wenn auch nur mittelbare Rolle.

7.1.2 Trade Sale

Ein Trade Sale bezeichnet den Verkauf eines Portfoliounternehmens an einen strategischen Investor. Motivation aus Sicht des Käufers ist die Hebung von Synergien durch horizontale oder vertikale Integration. Häufig sind strategische Investoren daher bereit, einen höheren Kaufpreis als den sogenannten Stand-alone Value zu bezahlen. Teilweise kommt ein Aufschlag für den Kompletterwerb hinzu, weil dem kaufenden Unternehmen die Aktien im Paket angeboten werden und so ein unsicherheitsbehafteter Erwerb einzelner Teilpositionen erspart bleibt.

Ein Trade Sale bedeutet für das Portfoliounternehmen stets die Gefahr des Verlustes der unternehmerischen Unabhängigkeit und birgt ein hohes Konfliktpotenzial zwischen Management und Finanzinvestor bzw. Neueigentümer vor bzw. nach der Transaktion.

Um Synergien erzielen zu können, ist die Integration des Unternehmens in das kaufende Unternehmen erforderlich. Daher kommen für diesen Exit-Kanal nur starke Mehrheitsbeteiligungen in Frage, bevorzugt wird jedoch ein Komplettverkauf aller Anteile eines Unternehmens. Aus Sicht der Private Equity-Gesellschaft gibt es drei Möglichkeiten, einen Trade Sale durchzuführen: Die Private Equity-Gesellschaft kann (1) die übrigen Anteilseigner von der Vorteilhaftigkeit der Transaktion überzeugen; (2) alle übrigen Anteile aufkaufen oder (3) sich bereits im Gesellschaftervertrag das Recht ausbedingen, dass sich die übrigen Anteilseigner im Falle einer solchen Transaktion ebenfalls zum Verkauf verpflichten (sogenannte Drag along-Rechte). Die für Buy-outs typische Beteiligungsstruktur sieht einen Anteilsbesitz des Managements vor, das meist andere Zielvorstellungen verfolgt, als ein strategischer Investor. Aufgrund der eingeschränkten Fungibilität der Anteile ist ein Aufkauf unrealistisch. Insofern wird deutlich, von welcher Bedeutung die frühzeitige Auseinandersetzung – vor Abschluss des Gesellschaftsvertrags – mit der Exit-Strategie für die Rentabilität des Investments ist.

Der Ablauf eines Trade Sale lässt sich grob in eine Vorbereitungsphase, auch Pre-M&A-Phase genannt, eine Hauptphase, ebenso als M&A-Phase bezeichnet, sowie die Abschlussphase, das Deal Closing, einteilen. Der Ablauf ist in Abbildung 17 dargestellt.

Abbildung 17:   Schematisierter Ablauf eines Trade Sale

Die Pre-M&A-Phase umfasst vorbereitende Maßnahmen aufseiten des Portfoliounternehmens. In einem ersten Schritt wird als Basis für den weiteren Prozessablauf eine umfangreiche unternehmensinterne Analyse der Ausgangsposition erarbeitet. Ferner wird über die Einbeziehung externer auf Unternehmenstransaktionen spezialisierter Berater entschieden. Häufig wird in Absprache mit den hinzugezogenen Beratern auch über verkaufsvorbereitende Maßnahmen entschieden, die – meist in Hinblick auf Bilanzrelationen – darauf abzielen, das Verkaufsobjekt in den Augen potenzieller Käufer attraktiver zu machen.

In einem zweiten Schritt werden die für potenzielle Käufer relevanten Informationen über das Verkaufsobjekt in einem Informationsmemorandum aufbereitet und eine erste Unternehmensbewertung zur Bildung einer eigenen Preiseinschätzung durchgeführt.

Die M&A-Phase beginnt mit der Identifizierung potenzieller Käufer als erstem Schritt. Sukzessive wird der anfänglich umfangreiche Käuferkreis analysiert und auf wenige interessante Käufer verdichtet, die Shortlist. In einem zweiten Schritt werden die Unternehmen aus der Shortlist kontaktiert und deren grundsätzliches Interesse abgeschätzt. In Abhängigkeit der gewünschten Vertraulichkeit können Käufer exklusiv angesprochen werden (d. h. sukzessive in der Reihenfolge der ermittelten Eignung); entweder parallel zueinander oder es kann ein Auktionsmechanismus zugrunde gelegt werden. Grundsätzlich erfolgt der Versand des Informationsmemorandums nur nach Unterzeichnung von Vertraulichkeitsvereinbarungen. Im dritten Schritt wird den Kaufinteressenten die Möglichkeit zur Analyse des Unternehmens gegeben. Dies umfasst meist eine Managementpräsentation und ggf. den Besuch des Unternehmens. Je nach Umfang des Käuferkreises werden zwischen den einzelnen Teilschritten Bieterrunden veranstaltet und Interessenten mit geringen Geboten vom weiteren Prozess ausgeschlossen. Nach der Unterzeichnung eines Letter of Intent wird den verbleibenden Kaufinteressenten (teilweise auch exklusiv einem Unternehmen) ermöglicht, eine umfangreiche Due Diligence des Verkaufsobjekts durchzuführen. Das Deal Closing umfasst die abschließenden Verhandlungen, in denen unter anderem die rechtliche und steuerrechtliche Struktur der Transaktion, eventuelle Gewährleistungsansprüche und der endgültige Kaufpreis festgelegt werden. Diese Phase endet mit Vertragsunterzeichnung.

Der Ablauf lässt sich straff organisieren und dementsprechend kann ein Trade Sale in einem vergleichsweise kurzen Zeitraum durchführt werden.

7.1.3   Secondary Purchase

Ein Secondary Purchase, Secondary Sale oder Secondary Buy-out bedeutet die Ablösung eines Finanzinvestors durch einen anderen Finanzinvestor. Im Gegensatz zum Trade Sale werden nur die Anteile des Finanzinvestors, nicht jedoch das gesamte Unternehmen veräußert.

Die Übernahme von Unternehmen aus dem Portfolio einer Private Equity-Gesellschaft durch eine andere Kapitalbeteiligungsgesellschaft ist in den letzten Jahren vermehrt zu beobachten. Motivation für eine solche Transaktion können unter anderem eine zu kurze Restlaufzeit des veräußernden Private Equity-Fonds, Änderungen der Investitionsstrategie oder ungesicherte Anschlussfinanzierungen sein. Ebenso werden nicht erfolgreiche Investments, die sonst abgeschrieben werden müssten, an Investoren weitergereicht, die über anders gelagerte Kompetenzen oder ein anderes Kontaktnetzwerk verfügen und sich in der Lage sehen, das Portfoliounternehmen erfolgreicher zu entwickeln. Eventuell verfügt der Käufer auch über ein drittes Portfoliounternehmen, mit dem ein Unternehmenszusammenschluss Erfolg versprechend erscheint.

Bei schlechten Kapitalmarktbedingungen kann ein Secondary Purchase mangels Alternativen die einzige Exit-Möglichkeit darstellen, falls weder strategische Investoren Kaufinteresse signalisieren noch ein IPO möglich ist. Bei einem lang andauernden negativen Umfeld ist es auch möglich, dass Portfoliounternehmen nacheinander mehrfach verkauft werden und somit mehrfach den Finanzinvestor wechseln. Diese Transaktionen werden, unabhängig von der Transaktionsanzahl, als Tertiary Buy-out bezeichnet.

Grundsätzlich verläuft der Verkaufsprozess analog zu einem Trade Sale, für den Ablauf sei auf Abschnitt 7.1.2 verwiesen. Finanzinvestoren gründen ihre Kaufentscheidung indes nicht auf Synergieeffekten, sondern auf dem bereits im Zuge der Buy-out-Strukturierung erörterten Leverage-Effekt. Daher wird im Rahmen der Due Diligence das Hauptaugenmerk auf andere Bereiche gelegt. Dem anderen Ansatzpunkt zur Wertgenerierung wird auch in der Unternehmensbewertung Rechnung getragen, was sich negativ auf Kaufpreis auswirken kann.

Transaktionen zwischen Finanzinvestoren lassen sich von allen Exit-Varianten am zügigsten abwickeln, da beide Parteien Transaktionserfahrung aufweisen. Vergleichsweise häufig lassen sich Finanzinvestoren vom Käufer umfangreiche Gewährleistungsansprüche zusichern, insbesondere wenn die kaufende Private Equity-Gesellschaft nur über geringe Kenntnisse im Hinblick auf das Zielunternehmen oder die spezifische Branche verfügt.

7.1.4 Dual Track und Triple Track

Unter Dual Track-Transaktionen wird das gleichzeitige Sondieren von Trade Sale und IPO durch einen Finanzinvestor verstanden, indem die Vorbereitung dieser beiden Exit-Kanäle bis zu einem gewissen Punkt parallel vollzogen wird. Bis zu diesem Punkt, der finalen Entscheidung, werden beide Exit-Alternativen als gleichberechtigte Optionen behandelt.

Private Equity-Gesellschaften und die beratenden Investmentbanken sind vermehrt dazu übergegangen, die finale Entscheidung für einen Exit-Kanal hinauszuzögern und so lange wie möglich parallel Trade Sale und IPO vorzubereiten. Eine späte Festlegung hat für den Finanzinvestor den Vorteil, bis kurz vor Beginn der Transaktion flexibel auf unvorteilhafte Verkaufsbedingungen reagieren zu können. Dies garantiert eine hohe Transaktionssicherheit.

Die Realisierung eines Dual Tracks ist organisatorisch weitgehend unproblematisch und mit geringfügig höherem Aufwand verbunden, da die Vorbereitungsmaßnahmen beider Exit-Varianten hochgradig übereinstimmen. So muss z. B. in beiden Fällen eine Vendor Due Diligence durchlaufen und eine Equity Story entwickelt werden. Der Ablauf ist in Abbildung 18 dargestellt. Grundsätzlich bedeutet ein Dual Track umso mehr Aufwand, je später die Festlegung des Exits fällt, trägt gleichwohl zur Maximierung des Verkaufspreises bei.

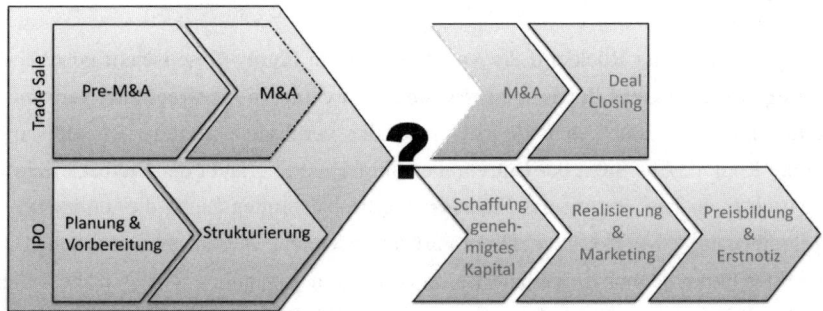

Abbildung 18:   Schematisierter Ablauf einer Dual Track-Transaktion

Aufgekommen sind Dual Track-Transaktionen vor dem Hintergrund der Kapitalmarktschwankungen der letzten Jahre. Zeitweise waren die Kapitalmarktbewertungen für Börsengänge unattraktiv oder der Markt schlichtweg nicht aufnahmebereit, sodass geplante Börsengänge nicht durchgeführt werden konnten. Gleichzeitig stehen immer öfter die Existenz strategischer Investoren und deren Bereitschaft, eine Prämie für einen Trade Sale zu bezahlen, noch nicht zu Beginn der Vorbereitungsphase für einen Exit fest.

Dual Track-Transaktionen werden üblicherweise streng vertraulich durchgeführt, um Unruhe im Portfoliounternehmen über dessen Zukunft zu vermeiden und gleichzeitig nach der finalen Entscheidung für einen Exit-Kanal die anvisierten Investoren mit einer überzeugenden Strategie umwerben zu können. Wird für den Exit eines Portfoliounternehmens eine Dual Track-Strategie bekannt, signalisiert der Börsengang, dass kein strategischer Investor auf Höhe der angestrebten Börsenbewertung zu einem Engagement bereit war. Ein IPO wird damit nur schwer realisierbar.

Der Prozessablauf gleicht dem in den ersten beiden Abschnitten dargestellten Prozess von IPO und Trade Sale. Als Ausgangspunkt werden die deckungsgleichen Tätigkeiten ermittelt und organisatorisch in die duale Vorbereitungsphase gezogen. Des Weiteren wird der Punkt bestimmt, an dem die Vorbereitungsmaßnahmen auseinanderlaufen und bei dessen Erreichung die finale Entscheidung für einen Exit-Kanal erfolgen muss.

Ebenfalls denkbar sind auch Triple Track-Transaktion, bei der die simultane Sondierung sich nicht nur auf IPO und Trade Sale, sondern auch auf Secondary Purchase erstreckt. Diese Variante führt zu gesteigerter Transaktionssicherheit bei höheren Kosten für den Exit-Prozess, da die Überlappung zwischen den einzelnen Prozessschritten geringer ist. Daher muss im Voraus die Bedeutung von Transaktionssicherheit aus Sicht der Private Equity-Gesellschaft bewertet werden.

7.1.5 Buyback

Unter Buyback wird der Rückkauf der von einer Private Equity-Gesellschaft gehaltenen Anteile am Eigenkapital eines Portfoliounternehmens durch deren Alteigentümer verstanden. Im weiteren Sinne fällt unter den Begriff auch die vertraglich fixierte Rückführung von Mezzanine-Kapital. Aus Sicht der Entrepreneurship-Theorie erlaubt der Buyback dem Unternehmer nach Erreichen der mit der Finanzierung beabsichtigten Ziele, die unternehmerische Kontrolle über das Portfoliounternehmen zurückzuerlangen. Diesem theoretischen Anspruch stehen in der Praxis jedoch zahlreiche Einschränkungen gegenüber, sodass insbesondere auf Seiten der Private Equity-Gesellschaften andere Exit-Kanäle präferiert und diese Exit-Variante vor allem zur Verlustbegrenzung eingesetzt wird.

Für eine Buyback-Transaktion im engeren Sinne findet sich eine Vielzahl an gängigen Ausgestaltungsmöglichkeiten. Die Transaktion kann entweder (a) spontan initiiert (b) oder bereits im Gesellschaftsvertrag vorgesehen sein. Als Vertragspartei kommt entweder (a) der Unternehmer bzw. das Managementteam oder (b) das Unternehmen selbst in Frage.

Bei einer spontan initiierten Transaktion entspricht das Prozedere einem Trade Sale mit Exklusivitätsverpflichtung der Private Equity-Gesellschaft. Bedeutende Unterschiede ergeben sich für die Private Equity-Gesellschaft aus der Insider-Stellung der Vertragspartei. So kann das Management des Portfoliounternehmens den Unternehmenswert präzise einschätzen, was sich nachteilig auf den Kaufpreis auswirkt und meist den Hinderungsgrund für das Zustandekommen der Transaktion darstellt und sich als Deal Breaker erweist. Auf der anderen Seite lassen sich die Verhandlungen zügig abschließen, da eine aufwändige Due Diligence und das Hinzuziehen externer Spezialisten unterbleibt.

Bei bereits im Gesellschaftsvertrag vorgesehenen Buyback-Transaktionen handelt es sich für die Private Equity-Gesellschaft aus finanztheoretischer Sicht um den Kauf einer Put- bzw. den Verkauf einer Call-Option. Im ersten Fall verpflichtet sich das Management bzw. der Alteigentümer, die Anteile der Private Equity-Gesellschaft nach Ablauf einer Frist oder dem Verfehlen von vereinbarten Meilensteinen zurückzukaufen. Die Private Equity-Gesellschaft kann so das Verlustrisiko des Engagements begrenzen. Im zweiten Fall räumt die Private Equity-Gesellschaft dem Management bzw. Alteigentümer ein Vorkaufsrecht ein. Diese Variante begrenzt das Gewinnpotenzial der Private Equity-Gesellschaft. Beide Varianten werden auch kombiniert eingesetzt, die konkrete Ausgestaltung hängt vor allem von der Verhandlungsposition der Vertragsparteien ab. Die Transaktionsmodalitäten beider Varianten werden bereits im Gesellschaftsvertrag fixiert. Die Bewertung des Unternehmens basiert meist nicht auf einem Festpreis, sondern auf einem vorher ausgehandelten Bewertungsmultiplikator, um die Wertentwicklung des Portfoliounternehmens entsprechend berücksichtigen zu können. Problematisch für die Zusammenarbeit während der Postinvestmentphase sind die von im Gesellschaftsvertrag vorgesehenen Buyback-Transaktionen hervorgerufenen Interessendivergenzen zwischen Management und Private Equity-Gesellschaft: Das Management ist an einem möglichst niedrigen Rückkaufpreis und die Private Equity-Gesellschaft an einem möglichst hohen Verkaufspreis interessiert sind.

Beim zweiten Parameter, der Festlegung der Vertragspartei, steht neben rechtlichen Aspekten vor allem die Frage der Kapitalaufbringung im Mittelpunkt. Grundsätzlich kann die Transaktion mit privatem Kapital, durch einbehaltene Gewinne aus Gesellschaftsmitteln oder freie Kreditlinien finanziert werden. Die Finanzierbarkeit der Transaktion stellt die größte Hürde bei einer Buyback-Transaktion dar. Das Kapital des Unternehmers bzw. des Managementteams ist häufig bereits in deren Beteiligung am Portfoliounternehmen gebunden, zusätzliches privates Kapital steht meist nicht zur Verfügung. Nach einer Buy-out-Strukturierung, insbesondere nach einem Leveraged Buy-out, sind die Cashflows des Portfoliounternehmens bereits für die Kapitalrückführung eingeplant und können nicht zur Bildung von Gewinnrücklagen verwendet werden. Freie Kreditlinien stehen ebenfalls nur selten zur Verfügung.

Kann die Finanzierung nicht aufgebracht werden, ist eine Buyback-Transaktion nicht realisierbar.

7.1.6 Liquidation, Abschreibung

Unter dem Begriff Liquidation werden die Schritte zur Abwicklung eines Unternehmens zusammengefasst. Auf den Beschluss zur Einstellung des laufenden Geschäftsbetriebs folgt die Einziehung ausstehender Forderungen, die Veräußerung sämtlicher Aktiva (einzeln oder als Paket) sowie die Rückführung der Passiva. Falls nach Ablösung der Kreditverbindlichkeiten Gesellschaftsvermögen vorhanden ist, wird dieses unter den Anteilseignern aufgeteilt. Am Ende der Liquidation steht die Auflösung der Gesellschaft.

Grundsätzlich fallen zwei sehr unterschiedliche Phänomene unter diesen Begriff, die sorgsam unterschieden werden müssen. Die Varianten sind in Abbildung 19 dargestellt.

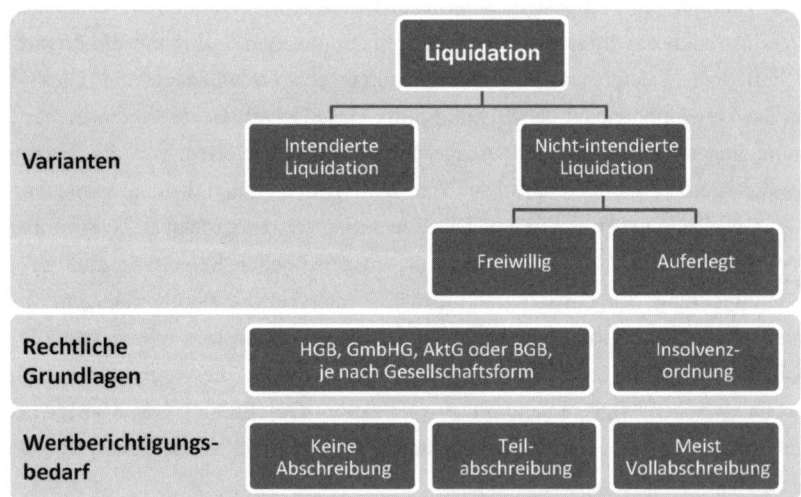

Abbildung 19: Übersicht über die unterschiedlichen Liquidationsvarianten

Im Falle einer intendierten Liquidation ist die Liquidation des Portfoliounternehmens bereits in der Exit-Strategie vorgesehen und entspricht der Exit-Variante, von der sich die Private Equity-Gesellschaft die höchste Rendite verspricht. Unternehmensteile wurden vor Liquidation einzeln an unterschiedliche Investoren veräußert und nach deren Abschluss obliegt es dem Eigentümer, die Mantelgesellschaft abzuwickeln. Insbesondere in den 1980er Jahren haben Private Equity-Gesellschaften eine Reihe von Transaktionen mit dem Ziel der

Zerschlagung von Konzernen und Unternehmensverbänden durchgeführt, um den sogenannten Konglomeratsabschlag freizusetzen.

Im Falle einer nicht-intendierten Liquidation bleibt dieser Exit-Kanal mangels positiver Unternehmensentwicklung des Portfoliounternehmens als letzte Alternative. Man spricht in diesem Fall von Ausfällen von Portfoliounternehmen, die einen – häufig vollständigen – Verlust des zur Verfügung gestellten Eigenkapitals bedeuten. Dementsprechend muss innerhalb des Private Equity-Fonds eine Wertberichtigung des Investments vorgenommen werden, indem durch eine teilweise oder vollständige Abschreibung bzw. Write-off der Buchwert dem niedrigeren realisierten Liquidationserlös angepasst wird.

Dabei kann wiederum eine freiwillige und eine auferlegte Liquidation unterschieden werden. Im ersten Fall wird bei negativen Renditeerwartungen und in Ermangelung positiver Zukunftsperspektiven der Geschäftsbetrieb des Portfoliounternehmens freiwillig eingestellt, eventuell um einer sich abzeichnenden Insolvenz zuvorzukommen.

Wird dieser Zeitpunkt verpasst oder fehlt die Zustimmung der Anteilseigner zum erforderlichen Mehrheitsbeschluss, muss bei drohender Zahlungsunfähigkeit oder Überschuldung ein Insolvenzverfahren im Rahmen der beantragt werden, mit der Konsequenz des Kontrollverlustes für die Eigenkapitalgeber: Ihnen wird die Verfügungsgewalt über das Portfoliounternehmen entzogen. Schlägt eine Sanierung fehl, folgt die Liquidation des Portfoliounternehmens.

Aufgrund der besonderen Charakteristika des Private Equity-Geschäfts sind Ausfälle von Portfoliounternehmen ein immanentes Risiko, das mithilfe der Portfoliobildung reduziert werden soll. Insofern ist eine nicht-intendierte Liquidation zwar keinesfalls ein erwünschtes Szenario, muss aber grundsätzlich im Licht des Gesamtportfolios beurteilt werden. Entscheidend für den Private Equity-Fonds ist vielmehr, dass andere Portfoliounternehmen das durch den Abschreibungsaufwand verlorene Kapital wieder kompensieren.

Der Prozess für intendierte und nicht-intendierte, freiwillige Liquidation ist identisch. Zunächst wird die Firmenbezeichnung um den Zusatz von „i. L." (in Liquidation) erweitert, um auf die Liquidation hinzuweisen. Gleichzeitig wird ein Liquidator – in Ermangelung anderslautender Beschlüsse meist Geschäftsführer bzw. Vorstand – bestellt. Bei komplexen Transaktionen werden auch Fachleute, meist auf die Unternehmensabwicklung spezialisierte Rechtsanwälte, mit der Liquidation beauftragt.

Für die nicht-intendierte auferlegte Liquidation sind die einzelnen Verfahrensschritte von der Insolvenzordnung vorgegeben. Auf den Insolvenzantrag folgt der Eröffnungsbeschluss, die

Phase der Vermögensverwaltung durch einen vom Gericht bestellten Insolvenzverwalter sowie der Abschluss des Verfahrens.

7.2 Exit-Strategie

Private Equity-Gesellschaft widmen bereits bei der Investitionsentscheidung einen Teil ihrer knappen Ressourcen möglichen Exit-Alternativen. Neben den in Frage kommenden Exit-Alternativen wird der angestrebte Zeitpunkt, die angedachte Strukturierung der Exit-Transaktion bis hin zu potenziellen Käufern bestimmt. Die Ergebnisse dieser Analyse werden in der sogenannten Exit-Strategie zusammengeführt, während des Beteiligungszeitraums laufend aktualisiert und der Entwicklung des Unternehmens ebenso wie dessen Umfeld angepasst.

Eine frühzeitige Beschäftigung mit der Exit-Strategie ist aus mehreren Gründen angebracht:

- Der Exit fixiert endgültig die für den Private Equity-Fonds mit dem Investment erzielte Rendite. Der Exit entscheidet somit letztendlich darüber, ob das Engagement der Private Equity-Gesellschaft innerhalb der Beteiligungsfrist von Erfolg gekrönt war oder nicht. Dieser finalen Phase im Investitionsprozess kommt eine entsprechend hohe Bedeutung zu.

- Für einige Exit-Kanäle sind entweder spezifische Regelungen im Beteiligungsvertrag erforderlich oder eine frühzeitige Berücksichtigung erleichtert deren Umsetzung und steigert die Erfolgswahrscheinlichkeit eines Exits. Dies wurde im Rahmen der detaillierten Betrachtung der einzelnen Exit-Kanäle bereits deutlich.

- Die Exit-Strategie antizipiert die potenziellen Besitzverhältnisse nach Ausstieg des Private Equity-Fonds. Somit wird die mittel- bis langfristige Zukunftsperspektive für das Portfoliounternehmen definiert. Die Diskussion möglicher Exit-Alternativen mit dem Management ermöglicht es, Zielkonflikte in Bezug auf die zukünftige Entwicklungsrichtung des Unternehmens frühzeitig aufzudecken und zu adressieren. Grundlegend unterschiedliche Vorstellungen können zu einer Ablehnung des Investments führen.

- Verschiede Exit-Kanäle haben ein unterschiedliches Renditepotenzial. Daher fließt die Exit-Präferenz bereits in die erste Unternehmensbewertung während der Due Diligence, den Financial Case, ein. Ebenso wird der Exit-Kanal bei der Strukturierung des Buy-outs berücksichtigt.

- Verschiedene Exit-Kanäle stellen gänzlich unterschiedliche Anforderungen an das Portfoliounternehmen. Während der Postinvestmentphase gilt es daher, das Portfoliounternehmen im Hinblick auf den bevorzugten Exit-Kanal gezielt zu entwickeln. Ein entsprechender Maßnahmenkatalog kann daher schon in der Exit-Strategie fest-gehalten sein.

Aus diesen Gründen wird die Exit-Strategie schon vor Beginn des Investments thematisiert und häufig im Beteiligungsvertrag fixiert. Dabei werden neben Zeitpunkt und präferierter Exit-Strategie auch Alternativen berücksichtigt für den Fall, dass die bevorzugte Exit-Strategie der Private Equity-Gesellschaft nicht durchgesetzt werden kann. Daneben werden weitere Klauseln aufgenommen, die die Modalitäten im Falle eines Exits festlegen, wie etwa Mitveräußerungsrechte oder -pflichten. Es empfiehlt sich, für das Management ein Anreiz-system zu schaffen, das auf die präferierte Exit-Lösung ausgerichtet ist, um die Umsetzung der Exit-Strategie nachhaltig zu unterstützen.

Der Erfolg der Exit-Strategie hängt nicht zuletzt vom Netzwerk der Private Equity-Gesellschaft ab. Genau wie die Generierung des Deal Flow basiert auch die Veräußerung von Investments auf persönlichen Kontakten und Beziehungen.

Die Exit-Strategie bildet eine wesentliche Grundlage für die Investmententscheidung. Erweist sich a priori kein Exit-Kanal als realisierbar und Erfolg versprechend, wird das Investment nicht getätigt. Insofern kann sich die Exit-Strategie als Deal Breaker erweisen. Keine Private Equity-Gesellschaft wird ein Investment ohne plausible Exit-Strategie tätigen.

7.3 Timing

Das Timing des Exits entscheidet für die Private Equity-Gesellschaft sowohl über den Zeit-punkt der Amortisation des Investments und bestimmt so die Kapitalbindungsdauer als auch über die Art und Struktur der Exit-Alternativen und hat demzufolge Einfluss auf die Höhe des Kapitalrückflusses. Beide Komponenten determinieren folglich die Rendite-/Risikorelation der Investition.

Bei der Bestimmung des optimalen Timings sind interne und externe Faktoren zu berück-sichtigen. Interne Faktoren beziehen sich auf das Portfoliounternehmen und sind grundsätz-lich von der Private Equity-Gesellschaft beeinflussbar. Mit Abstand wichtigster Faktor ist die vergangene sowie die zu erwartende, zukünftige Unternehmensentwicklung des Portfolio-unternehmens, spiegelt sie doch für potenzielle Transaktionspartner das Renditepotenzial wider. Darüber hinaus spielt der Grad, zu dem die organisatorischen und rechtlichen An-forderungen des präferierten Exit-Kanals erfüllt werden, für das Timing eine besondere Rolle. Darunter fällt auch die voraussichtliche Exit-Dauer, also der Zeitrahmen der operativen Vor-bereitung bis zum erfolgreichen Abschluss des Exits. Diese internen Faktoren werden häufig unter dem Begriff Reife für einen Exit zusammengefasst.

Die Private Equity-Gesellschaft muss zusätzlich zahlreiche externe Faktoren berücksichtigen. Externe Faktoren sind vom Unternehmensumfeld und der konjunkturellen Marktverfassung vorgegeben. Diese gilt es, als dynamische Störgrößen im Rahmen der Exit-Strategie so weit wie möglich zu antizipieren. Das Unternehmensumfeld – bestehend aus Wettbewerben, Lieferanten, Kunden und ggf. staatlichen Regulierungsstellen – übt einen Einfluss auf die Marktposition des Portfoliounternehmens aus. Die konjunkturelle Marktverfassung wirkt sich direkt oder indirekt auf das Preisniveau der Private Equity-Transaktionen aus. In der Vergangenheit hat sich stets die allgemeine Verfassung der Kapitalmärkte auf den Private Equity-Markt durchgeschlagen. Für den Fall des IPO als präferiertem Exit ist die direkte Bedeutung des Börsenniveaus für die Preisbildung intuitiv einleuchtend. Die indirekte Wirkungsweise ergibt sich aus der Funktion der Börse, als Preisreferenz auch für andere Transaktionsmechanismen zu dienen. Bei aktiennotierten Unternehmen als Kaufinteressenten hängt die Bereitschaft zum Engagement von der antizipierten psychologischen Wirkung der Transaktion auf die Aktionäre ab. Dies ist insbesondere für Trade Sales relevant. In einem negativen Börsenumfeld ist eine Transaktion folglich auch über andere Exit-Kanäle als einen IPO nur erschwert durchzuführen und Preisabschläge in Kauf zu nehmen.

Das Timing ist daher komplex und entsprechend sorgfältig zu planen. Daher nehmen Private Equity-Gesellschaften regelmäßig eine Überprüfung von Exit-Möglichkeiten für das Beteiligungsportfolio vor. Dabei wird die Reife eines Portfoliounternehmens im Hinblick auf unterschiedliche Exit-Kanäle ebenso bewertet wie die Plausibilität anderer Kanäle bei Berücksichtigung des zukünftigen Entwicklungspotenzials. Zusätzlich wird eine Liste potenzieller Käufer geführt, die auf Marktanalysen basiert.

Ist das Umfeld nicht günstig oder das Unternehmen selbst nicht reif für den Exit, so bieten sich der Private Equity-Gesellschaft mehrere Vorgehensweisen. Ein Abschlag auf die eigenen Preisvorstellungen ist nur eine Möglichkeit von vielen. Darüber hinaus kann auf einen anderen Exit-Kanal ausgewichen werden. Aus diesem Grund sollten Alternativen von Anfang an in die Exit-Strategie mit einplant werden. Auch eine Gewährleistung gegenüber dem Käufer hat sich als probates Mittel erwiesen, dem Transaktionspartner das eigene Vertrauen in die Qualität des Portfoliounternehmens zu signalisieren und so Preisabschläge abzuwenden.

Im Rahmen des Timings muss auch berücksichtigt werden, dass bei vielen Exit-Kanälen die eigentliche Transaktion nicht identisch mit dem Kapitalrückfluss sein muss. Dementsprechend muss die zeitliche Abweichung der Cashflows eingeplant werden.

7.4 Vergleichende Betrachtung

Die Entscheidung für oder gegen einen Exit-Kanal fällen Private Equity-Gesellschaften bei Entwicklung der Exit-Strategie durch eine vergleichende Betrachtung sämtlicher Exit-Alternativen im Hinblick auf die für den jeweiligen Kontext relevanten Dimensionen.

Abbildung 20 zeigt die Einordnung der in den vorangegangenen Abschnitten bereits ausführlich diskutierten Exit-Alternativen hinsichtlich der acht bedeutendsten Dimensionen. Dual und Triple Track-Transaktionen sind nicht einzeln aufgeführt, da sich deren Nutzen aus der Realisierbarkeit der einzelnen Elemente, nämlich IPO, Trade Sale bzw. Secondary Purchase ergibt.

Käufer	IPO — Publikumsaktionäre	Trade Sale — Strategische Investoren	Second. Purchase — Finanzinvestoren	Buyback — Altmanagement	Liquidation, Abschreibung — intendiert — Strategische Investoren	Liquidation, Abschreibung — nicht-intendiert — Falls Masse vorhanden
Möglichkeit des kompletten Beteiligungsverkaufs	gering	hoch	mittel	hoch	hoch	gering
Notwendigkeit hoher Wachstumsperspektiven	hoch	mittel	hoch	gering	mittel	gering
Beibehaltung des Management	hoch	mittel	hoch	hoch	mittel	gering
Zeitliche Inanspruchnahme Management	hoch	mittel	mittel	mittel	mittel	mittel
Transaktionsdauer	hoch	mittel	mittel	gering	hoch	mittel
Abhängigkeit von externen Beratern	hoch	mittel	mittel	gering	mittel	hoch
Kosten der Transaktion	hoch	mittel	mittel	gering	mittel	gering

Legende: ● hoch ◖ mittel ○ gering

Abbildung 20: Vergleichende Betrachtung der Exit-Alternativen hinsichtlich einzelner Dimensionen

Die acht Dimensionen setzen sich aus Vorgaben der Private Equity-Gesellschaft zusammen, wie der Notwendigkeit, die Beteiligung zum Exit-Zeitpunkt komplett abzugeben, sowie aus antizipierten Anforderungen eines typisierten potenziellen Käufers hinsichtlich Merkmalen des Portfoliounternehmens, wie der Bedeutung von Wachstumsperspektiven und dem Fortbestand des Managements. Darüber hinaus wird der mit einem Exit-Kanal verbundene Aufwand in mehrerer Hinsicht bewertet: die zeitliche Inanspruchnahme des Managements, die Dauer der Exit-Vorbereitungen bis zu deren Abschluss, die Notwendigkeit, externe Berater hinzuzuziehen, sowie als monetäre Komponente die Exit-Kosten.

Nach Evaluierung der Möglichkeiten und Festlegung der Exit-Strategie während der Due Diligence durch die Private Equity-Gesellschaft erfolgt fast immer eine Abstimmung mit dem Management und im Vorfeld der Verhandlungen zum Beteiligungsvertrag auch mit den restlichen Anteilseignern. So können frühzeitig die Vorstellungen der beteiligten Parteien über einen Exit der Private Equity-Gesellschaft angeglichen und die erforderlichen vertraglichen Details in den Beteiligungsvertrag einfließen. Danach obliegt es der Private Equity-Gesellschaft während der Postinvestmentphase, den Exit-Zeitpunkt zu bestimmen und Management und Anteilseigner in Kenntnis zu setzen. Ebenso müssen Abweichungen von der vereinbarten Exit-Strategie kommuniziert werden.

7.5 Erfolgsfaktoren

Die Faktoren für einen erfolgreichen Exit sind vielfältig. Grundvoraussetzung für einen profitablen Exit ist eine entsprechende Reife des Portfoliounternehmens. Der Konsolidierungsprozess der letzten Jahre hat die Marktteilnehmer auf dem deutschen Beteiligungskapitalmarkt dazu gezwungen, professioneller und zielgerichteter zu agieren. Der Versuch, eine ungerechtfertigte Bewertung für ein Portfoliounternehmen durchzusetzen, würde nicht nur schnell entlarvt, sondern zöge auch negative Auswirkungen auf die Reputation der Private Equity-Gesellschaft nach sich.

Für den Erfolg der finalen Phase eines Investments können drei Faktoren identifiziert werden:

- *Vorarbeit*: Nicht umsonst wird ein Exit auch als Harvesting bezeichnet, werden doch in dieser Phase die Früchte der teils mehrjährigen Arbeit der Private Equity-Gesellschaft geerntet. Der Erfolg eines Exits basiert wie keine andere Phase des Investmentprozesses auf einer präzisen Vorarbeit in jeder einzelnen der vorangegangenen Phasen. Eine mangelhafte Berücksichtigung der Exit-Alternativen bei der Beteiligungsverhandlung rächt sich mit einem verbauten Exit-Kanal. Eine suboptimale Betreuung des Portfoliounternehmens in der Postinvestmentphase impliziert für den Exit einen Abschlag auf den Verkaufspreis.

- *Netzwerk*: Bei einem erfolgreichen Exit ist das Netzwerk der Private Equity-Professionals von herausgehobener Bedeutung, insbesondere wenn mehrere externe Berater sowie Banken und Anwälte an der Transaktion beteiligt werden. Eine fruchtbare Zusammenarbeit in der Vergangenheit erleichtert die Bewältigung komplexer Exit-Prozesse.

- *Kapitalmarktverfassung*: Die erzielbaren Preise für Portfoliounternehmen hängen stark von der kurzfristigen Entwicklung der Bewertungsmaßstäbe an den internationalen Kapitalmärkten ab. Davon sind insbesondere IPO betroffen. Die Berücksichtigung mehrerer Exit-Alternativen in der Exit-Strategie reduziert dieses Risiko, allerdings haben die Bewertungsmaßstäbe auch Einfluss auf die Preisbildung bei anderen Transaktionsarten.

Literaturhinweise

BIENZ, C. (2005): A Pecking Order of Venture Capital Exits – What Determines the Optimal Exit Channel for Venture Capital Backed Ventures? Center for Financial Studies (CFS) and Goethe University Frankfurt, Frankfurt 2005.

BYGRAVE, W. D./HAY, M./PEETERS, J. B. (2000): Das Financial Times Handbuch Risiko-kapital, München 2000.

FRANZKE, S./GROHS, S./LAUX, C. (2004): Initial Public Offerings and Venture Capital in Germany, in: Krahnen, J. P./Schmidt, R. H.(Hrsg.): The German Financial System, Oxford 2004, S. 233–260.

GOMPERS, P. A./LERNER, J. (2000): The Venture Capital Cycle, 4. Auflage, Cambridge, Mass. et al. 2000.

LERNER, J. (1994): Venture Capitalists and the Decision to Go Public, in: Journal of Financial Economics 1994, Jg. 35, H. 3, S. 293–316.

WEITNAUER, W./GUTH, M. (2001): Handbuch Venture Capital: Von der Innovation zum Börsengang, München 2001.

WRIGHT, M./ROBBIE, K. (1998): Venture Capital and Private Equity: A Review and Synthesis; in: Journal of Business Finance & Accounting 1998, Jg. 25, H. 5/6, S. 521–570.